阅美 | 文化

阅 读 阅 美 ， 生 活 更 美

女性生活时尚第一阅读品牌

□ 宁静 □ 丰富 □ 独立 □ 光彩照人 □ 慢养育

一个人住的好时光

给单身女性的独立生活指南

[韩] 金孝渲⊙著　　千太阳⊙译

漓江出版社

女人独立万岁！

　　每个人都想成为独立的个体，然而，真正能过上独立生活的人并不是很多。大部分人小时候会依赖父母，成人之后就依赖恋人或伴侣，还拿"人本来就是互相依靠着生活"之类的借口来自我安慰。在从事记者工作的过程中，我遇到过许许多多的人，那些独立生活的女性更让我羡慕，她们拥有自己的空间。在充满个性的空间里，她们看起来自信又美丽。她们异口同声地表示："独立才是一定要尝试的'amazing'经验。"

　　实际上，跟父母一起生活可以过得无忧无虑，很多事情都不用操心。然而这样久了，许多人内心总是难免会感到不安：就这样一直生活下去真的没关系吗？我们已经不再是小孩子了，也已经有了一定的经济能力，怎能一直依赖着父母生活呢？如果你也有这样的想法，那么，你享受自由的单身生活的机会已经到来了！

　　然而，在我们真正决心要独立生活之后，却往往不知道该从哪里开始着手准备。要怎么找房子？要买哪些家具？独立居住之后每天做什么吃呢？

这本书对向往独立生活的人而言是一本指南，对已经在过着独立生活的人，则提供了一个审视自己的生活并进行改善的机会。此外，书中还介绍了在独立之前筹集资金和独立之后维持生计的技巧，并全面介绍了独立生活要注意的一切。

书中介绍了在准备独立生活的时候一定要知道的事，以及独立生活中日常必备的信息，所以不一定要按顺序阅读，只要参考自己有需要的内容就可以。积极参考有独立生活经验的前辈们的建议，就可少走弯路，过上舒适、安全的独立生活。

我想把一个人的时间称为"变成蝴蝶的时间"。有了独处的时间，幼虫才能变成蝴蝶。如果这本书能在你向美丽新世界踏出第一步的时候，提供任何一点可能的帮助，我就会觉得无比开心了。

目录
C o n t e n t s

PART 1 / HOME
拥有自己的家

独立生活的时候到了吗？独立测试

　　许多人都有这样的经验，心中萌生马上离开家、拥有私人空间的念头之后，往往紧接着又会再次陷入苦恼中：自己真的能一个人生活吗？已经到了该独立的时候吗？如果独立之后觉得后悔，再次回家跟父母一起生活，会让双方都感到不方便。离开家的时候父母或许会坚决反对，然而等到你要重新回家的时候，他们却不一定会多么欢迎你回来。因此，在考虑是否独立的时候，做决定一定要慎重！

1. 你的年龄是？
① 30 岁以上。
② 24~30 岁。
③ 24 岁以下。

2. 你的收入和工作情况如何？
①工作有几年了，每年的年薪都在涨。
②工作有一段时间了，不过到现在还没有升职加薪。
③开始工作没多久。

3. 你依赖父母的程度如何？
①不向父母要钱。
②有时会向父母借钱。
③手机话费和汽车维修保养费是父母帮我交的。

4. 你一个月可以从自己的收入中拿出多少来作为房租及汽车维修保养费?

① 100 万韩元以上。
② 50 万 ~100 万韩元。
③ 50 万韩元以下。
（注：依当前汇率，100 万韩元约合人民币 5400 元。因房租、养车费用依国家、地区、城市不同而有很大差异，故此处不折算。）

5. 你的收入足够支付房租、汽车维修保养费和生活费吗?

①完全可以。
②省吃俭用就可以。
③父母会赞助一些。

6. 独立会给你的生活带来哪些变化呢?

①在支出上要更加慎重。
②不会有太大的变化。
③更多的自由！

7. 独立之后，你的感情会出现怎样的变化呢?

①把更多的精力集中在自己身上。
②不会有太大的变化。
③会想念家人，感到孤独。

8. 去相亲的时候，你是否会犹豫向异性坦白至今还跟父母一起住的事实呢?

①是的，不好意思那么说。
②因人而异。
③那有什么呀？我可以很坦率地说出来。

9. 你喜欢一个人待着吗?

①完全没问题，一个人可以做的事情有很多。
②有的时候需要私人空间。
③最不喜欢一个人吃饭了。

10. 父母对你独立生活的想法是否赞成？

①稍微感到不安，不过还是赞成的。

②反对。

③在我正式开始独立之前，不跟父母说。

分数计算

① 3分 / ② 2分 / ③ 1分

24 分以上	为什么你到现在还没有开始独立生活呢？你现在马上就可以离开家了。
18~23 分	你可以勉强做到独立。等到更有自信，并且完全做好准备之后，再选择独立，如何？
12~17 分	你虽然有想独立的想法，不过准备得还不够充分。
9 分以下	希望你重新考虑一下，现在想独立未免有些轻率了。

　　如果你在独立测试中获得了高分，也做好了心理准备，最后也还是再考虑一下吧！

1　我的收入

　　独立生活之后，最大的问题是生活费。首先需要缴纳各种公共事业费用和维修费，看似花不了多少钱的日常生活用品费用其实也不少。以每月房租为基准的话，收入至少要达到月租租金的两倍才好。

2 料理水平

会做料理的朋友，在独立生活之后也可以保持现在的身材和健康。不会做料理的朋友，在外面用餐、吃速食食品的次数会增多，所以身材和健康也很容易遭到破坏。而且，这样一来开支也更大了。不会做料理的朋友，为了更好地生存，很有必要先学一学。

3 家务

如果不熟悉洗衣服、打扫、刷碗等家务，应该在独立生活之前多加练习熟悉一下。一边帮妈妈做家务，一边掌握技巧。独立生活之后，即使不愿意，所有的事情也都不得不自己来做。就是因为可以不用打扫，所以才选择独立的？那与蟑螂同居、患上灰尘过敏症之后，你的这一想法或许会改变的。

PART 1 HOME
拥有自己的家

选择独立生活要面对的最大、最重要的问题，就是房子。
寻找适合自己的房子，按自己想要的风格进行装饰，
安逸、舒适地生活吧！

#01 寻找属于我的房子

独立万岁！如果决心要独立，

那么现在就开始找房子吧。

房子是选择独立生活时最为重要的部分，

所以要慎重地思考、详细地了解。

去钟路，还是明洞呢

翻开首尔地图之后，许多人往往会不停地来回巡视踯躅，不知所措。想租一个离公司5分钟距离的商住两用房，每天早上多睡一会儿懒觉；也想租一个湖泊附近的公寓，每周末像纽约人一样，享受晨练时光；有时候又会觉得搬到朋友家附近，每天晚上都聚一聚，聊聊天也不错。

东西南北，选哪一边好呢？公寓、商住两用房、一居室住宅，哪种更合适？家电齐全的住宅好，还是物业费便宜的住宅更划算？临近地铁好呢，还是临近超市更好？想来想去就会觉得这里也好，那里也不错。

可是，只能选择其中的一个呀。每当脑袋里变得一团混乱，无法下决定的时候，总是会想，如果有一个专门帮人处理这种问题的人给我指明方向就好了。其实，即使没有这一类的帮助，我们也能够通过核对清单，找到正确的选择。想选择一个合适的住址有一种基本的方法，那就是，首先考虑现在自己需要经常去什么地方，其次再考虑自己想要经常去什么地方。

需要经常去的地方，一般情况下就是公司了。以独立的个体身份生活，最重要的是自己的职场。如果是上班族，当然以选择便于上下班的地区为宜。

在找房子的时候，优先考虑便于上下班的地区。公司和家的距离最好在10分钟至30分钟的路程之内，但也不是越近越好。

住得离公司太近的话，下班之后遇到公司同事的概率会很高，你的房子也很有可能会成为同事们的聚集地。如果不是上班族，就根据自己经常要去的地方的生活路线，在临近的地方找房子。若是因为经济条件，不得已要到距离公司 1 个小时以上路程的郊区去住，那一定要选择交通便利的地方。另外，即使是相同的距离，如果中间要换乘两三次地铁，甚至还要换乘公交车的话，会大大增加你的疲惫感，所以最好选择中间不换乘的地方。

另外，考虑自己追求的生活或生活方式，想经常去什么地方这个问题就可以轻松地找到答案。如果想多享受一下娱乐和文化生活，就在热闹的繁华地段找房子；如果想享受悠闲、安静的生活，就在公园附近或安静的住宅区找房子。虽然我们对住所的重视程度不至于到"孟母三迁"的程度，但是为了自己追求的生活，环境的影响是不容忽视的。

单身女性向往的小区

在选择地区的时候，最好选择熟悉的小区，或经常去的地方。与父母、公司、好朋友临近的小区也是不错的选择。

在急剧变化的首尔，单身女性们偏爱的地段虽然会有些变化，但她们通常更喜欢附近有着很多咖啡厅和发达文化设施的小区。女性们还会关心回家路上的氛围。像法国人聚集的西来村小区；

有很多看点和娱乐设施的弘大前或新沙洞树荫路附近；安静的付岩洞或三清洞；虽然是老住宅区，但是生活便利设施俱全的木洞或加阳洞；有散步路，可以悠闲地享受闲暇时光的新沙洞（恩平区）或良才洞等，这些都是十分受单身女性欢迎的地方。

为了享受更悠闲的生活，选择在京畿道地区居住的朋友也很多。如果在江北地区工作，选择一山较便利；在江南地区工作的话，选择盆唐区更便利。

找房子的时候请参考

如果选好了地区，就通过房地产网站大概了解一下情况。

如果发现了心仪的房子，那就给房地产公司打电话咨询一下。网上的房源有时不可靠，所以在打电话与房地产中介人约好时间之后，一定要亲自去看一看房子。

房子的形态和优缺点

选择哪种规格的房子，要根据自身的预算多少和喜好而不同。单身女性选择最多的是一居室住宅和商住两用房。一居室住宅虽然月租较低，但缺点是通常治安较差，所以自己要注意安全，出门时锁好门。

重视安全和生活设施的单身女性多选择商住两用房，因为大部分都在大马路边。商住两用房（Officetel）是"office"和"hotel"的合成词，通常提供给忙于事业的人居住，因此年租房不多见，大部分为月租房。这类房子通常配有管理人员，所以治安很好，但是物业管理费较贵。

最近，随着一至二人家庭的日益增加，都市型生活住宅市场呈现出活跃景象。公寓也掀起了"迷你"热潮，家电和便利设施俱全的一人公寓的人气很高。除此之外，也有两三个房间的排屋可供选择，预算较充裕的朋友，也可以选择租独立住宅。

我喜欢 _____！

一居室住宅

由一个房间和浴室构成的居住空间。常见的有两种户型：厨房客厅与卧室都在同一空间里的一体型、厨房客厅与卧室分离的分离型。另外也有两个房间与厨房兼客厅的户型。

商住两用房

这一类房型虽然与一居室住宅形态相似，但是内部设计要更好一些。有一部分为复式结构，天花板较高，能有效地利用空间。

都市型生活住宅

为了普通市民和一至二人家庭的
稳定居住，政府于 2009 年开始
引进并建设的一人家庭用居住形
态。大部分都是小户型，有排屋
和一居室型两种设计。

公寓

公寓的优点是治安管理方面良
好。有物业公司负责管理，非常
方便安全，但房租与其他居住形
态相比偏高。

独立住宅

适合一家人居住的住宅。因为租金昂贵，不好管理，很少有单身住户选择居住，但非常适合与几个朋友一起合租。

排屋

小规模共同居住形态的房子。一般有二至三个房间，内部结构与公寓相似。通常都没有物业公司进行管理，要格外注意安全问题。

看房时的注意要点

去看房的时候，真的不可以看"好"就出来。不仅要看好房子，还要留意其周边环境。不能只因为房子外观好看，或者有一两个令自己满意的地方，就草率地签合同。越是仔细检查，就越能减少失败的可能性，所以看房时要格外细心。

首先，看一下各种家电设施，如果其中有特别脏或损坏严重的，房东有义务进行修理，所以要积极地提出来。然后，检查一下窗框和排水设施等。这些很容易被忽视，但是如果在住进去之后，才发现水压太低或排水不顺畅，就会给你带来很大的麻烦。检查过基本设施之后，还要再看一下墙壁和天花板上有没有发霉或水印。

内部检查完之后，最好转一转房子周边。确认一下房子外面的灯光怎么样，有没有监控设备，便利店之类的生活设施是否离得很近等。

当然，想找到完全符合所有条件的房子也是很难的。预算有限，不同的房子各有各的优缺点，所以除了自己亲手盖之外，很难100%达到满意。即使这样，还是需要核对清单，因为它能根据你自己的喜好和生活方式，帮助你制订优先顺序。若是经常在夜间回家的人，那最应该重视的是治安问题；若是对噪音敏感的人，隔音的好坏则是要优先考虑的问题。

因此，首先要核定各个事项，然后制订自己的标准，按照重要的程度进行排列，做出最好的选择。

1. 在适合看房的时间点去看房

时机不是只有在男女之间才是重要的。去看房的时候，也要选好时间点。看房的时间一定要避开中午或深夜，最好选择下午三四点钟去看房。这样才利于确认房间的光线是否充足，对面的建筑或大树有没有遮挡光线等等。

2. 确认位置和交通

确认房子所在的位置是否距离地铁站或公交站等大众交通设施太远。虽然房地产中介人会说"只有 5 分钟距离"，那也很有可能是夸大之词，按每个人自己的步行速度，所花的时间又会不同。从地铁站或公交站步行到家，亲自测量一下一共要用几分钟。如果有私家车，就确认一下是否有停车场。

3. 观察房屋周边环境

如果房子位于小胡同里，那胡同的宽度至少要达到一辆车能够进出的程度，治安才会良好。确认房子前面是否有路灯，是否有比较危险的设施，然后向现住户询问一下安全问题。临近的市场或医院等便利设施也要顺便咨询一下。

4. 检查基本设施是否有损坏

检查浴室镜子上是否有裂痕，房门有没有损坏，墙壁上有没有渗水、发霉的地方，屋内的设施有没有损坏，然后跟中介人反映一下，这样日后才不会要你"赔偿"。特别要注意，在冬季以外的季节会容易忘记检查取暖设施，如果日后才发现出现故障，

房东也有可能会不管，所以这一点一定要事先确认。

5. 检查水龙头和排水

如果你选择的不是公寓，那一定要拧开浴室和厨房等处的水龙头，确认一下水压是否足够。检查一下排水是否顺畅，马桶也要冲一下看看。

6. 检查窗户

查看窗户的位置，确认一下通风是否顺畅。另外，还要检查一下窗框是否坚固。如果是双重窗户，到了冬天会比较保暖，还可以节省取暖费。确认一下窗户是否能关紧，有没有安装纱窗。

7. 噪音和隔音

如果是位于路边的房子，那就打开阳台的窗户，感受一下汽车噪音的大小。夏季需要打开阳台门的时间会比较长，所以噪音问题很重要。确认一下窗户前有没有酒店或歌厅等噪音源。

如果是一居室住宅，要确认一下与隔壁房间的隔音是否良好。如果是建造粗糙的一居室，隔壁的噪音完全都能听得到。敲击一下墙壁，如果声音比较响，就表示隔音效果不好。最后要确认一下电梯和走廊的噪音情况。

8. 小区居民

观察一下周围是否居住着许多特殊职业的人。在特定地区的一居室住宅或商住两用房当中，有很多会居住着不少娱乐服务场所的从业人员。这种地方，到了晚间也很吵闹，所以早晨需要上班的人最好避开为宜。某一位女性朋友就曾有过这样的经历，因为隔壁住的是巫师，整天敲锣打鼓，结果每天都过得很痛苦。

9. 查看公告栏

通常，在住宅小区的电梯入口公告栏上都贴有告示，通过公告可以了解到该小区的情况如隔音、垃圾等。因此，一定要详细地读一读公告栏上的告示。

10. 房东的性格也很重要

如果跟房东住在同一个建筑里，那就要看一下跟房东是不是合得来。所以也要事先对房东进行充分的了解：性格是否过于苛刻，或者是否严重干涉私生活等，可以向从前的住户咨询一下。遇到一个好的房东，入住者才会住得舒心。

独立不只是自己住

在一套房子里的多间房间中，每人租住其中一间房间的就叫做合租。按照这种方式一起生活的人称为室友。随着房租变得昂贵，为了节省房租，能够使用更广阔的空间，选择这种居住方式的人越来越多了。

除了自己的房间之外，客厅、厨房、浴室等都是共同的生活空间，所以跟陌生人一起居住会有些不方便。然而，制订好规则，尊重彼此的私生活的话，合租也不失为一种只需要付出低成本，

就可以提高生活质量的好方法。如果不想跟陌生人一起生活，也可以选择跟朋友一起住。自己一个人住有时候会觉得有些害怕，也很孤单，跟朋友们一起则可以快乐地生活。但是有些本来关系好的朋友，在合租的过程中变得不好的情况也有很多。所以即使关系很亲密，一开始也要明确规定好清扫和费用等规则，否则日后会因为很多琐碎的事而伤感情。

闲逛小区

为了熟悉即将搬入的小区的路，也了解一下小区里都有哪些商店，穿着舒适的运动鞋，以轻便的着装出门吧！充分利用现代科技，先上网搜索一下卫星地图再出门会更加轻松。

需要多留意的是以后会经常去的商店的位置。拿着记录了所需商店目录的小手册，到处逛一逛小区。每当发现一个商店的时候，就画上圈。随着圈的个数越来越多，还会有一股成就感产生。手绘一张属于自己的小区地图也是蛮有趣的，能够享受到一边逛胡同，一边完成地图的快乐。这样绘制的地图可以在下次搬家的时候，送给新的入住者当礼物哦！

听从内心的感觉做最终决定

到现在为止，看了很多家房子，还是做不了决定的话，那你想必是一个犹豫不决的人。

"觉得都不错，不知道该选择哪家好了。"

答案很简单，选择自己喜欢的房子就可以。

"结婚对我而言是最容易的了。"恩爱的夫妻们经常这样说，"看到她 / 他的第一眼，我就知道她 / 他就是我要找的人了。"

选择满意的房子的时候，人们常说的话也是一样的。

"一进屋我心里就想，就是这个房子了。"

想一想购物时眼睛会闪闪发光的瞬间吧。购物的时候特别仔细的人，即使买一件大衣，也会翻遍从百货商店到打折店、普通的服装店、网店所有的地方。他们不辞辛苦，还会综合朋友们的意见。然而，最终决定购买的时候，还是发现了那个"就是它了"的大衣的瞬间。

很多人都说，在找房子的时候，毫无理由就被现在的房子吸引，因而做出了选择。如果进屋子之后，你觉得屋内的光线好，感觉很温馨，心情舒适的话，那这房子就是你要找的房子了。

相反，如果毫无理由地感到不安，那就表示那个房子跟你不合适。当然，这是没有科学根据的。虽然只是个人的感觉，但是忽视这一点，入住的话，日后会一直觉得不踏实。如果客观条件达到了一定的标准，那就像寻找命中注定的人一样，重视一下你的感觉吧！

1. 警察局

为了预防危急情况，了解一下警察局和治安中心、派出所等的位置，也记下它们的电话号码。

2. 便利店

凌晨的时候或许会突然急需某些物品，寻找一下最近的便利店在哪里。

3. 银行

确认一下平时常去的银行或现金取款机的位置。

4. 药店

了解药店的位置，并确认其营业时间。

5. 医院

确认一下比较常去的内科、外科、牙科等科室的位置。

6. 居委会

生活中有时需要开具各种文件，居委会的位置一定要确认一下。

7. 邮局

虽然现在很少有人寄信了，但是寄包裹或挂号信的时候还是较多的。

8. 公园 / 游乐场

查找一下附近有没有可供散步或兜风的公园或游乐场。

9. 图书馆 / 书店 / 租赁店

找找看周围有没有购买或租赁图书、漫画、DVD 之类的地方。

1. 咖啡厅 / 面包房
找找看周围有没有氛围好的咖啡厅和面包房。

2. 修鞋店 / 开锁店
有很多同时做修鞋和开锁业务的店铺，确认这些地方的位置，在以后的日子里会有帮助的。

3. 干洗店
找找看能够做到基本的干洗和修改衣物、干洗被子等工作的干洗店。

4. 杂货店
找找看销售生活用品和各种杂货的店铺。

5. 超市
如果附近有多家超市的话，就比较一下各家超市商品的价格、质量以及种类。

6. 理发店
附近有喜欢的理发店的话会很方便。

7. 澡堂 / 汗蒸房
如果你喜欢汗蒸，那就找找看周围有没有汗蒸房吧。

8. 饭店
附近口味不错的饭店越多越好，选好一家便于一个人用餐的饭店吧。

访谈一

"以对自己重要的事为基准挑选房子"

▼宣传专家高兰珠

我在找房子的时候，最关心的是交通和风景。虽然在家里生活的时间不是很多，但是在假日和闲暇时光，为了让家成为给身心充电的空间，窗外的风景是最为重要的。在多个地区之间苦恼许久之后，我最终选择了现在的商住两用房。这座房子从公司坐40分钟的地铁就可以抵达，离地铁站只有2分钟的步行距离，透过窗户还可以欣赏到山景。

由于是复式商住两用房，所以空间很大，还有入墙式收纳空间，这些是让我选择这个房子的理由。衣柜和抽屉、梳妆台、鞋柜等收纳空间一应俱全，所以不需要另购其他的家具，也能够把各种物品整理得干净利落。最近收纳空间俱全的商住两用房和一居室住宅有很多，所以独立生活的负担较轻一些。

下班之后，坐在沙发上，望着窗外休息的时光真的很好。我的选择是对的。每个人所重视的部分都不同，所以，优先考虑自己想要什么，根据那些就可以轻松地找到心仪的房子。

"考虑便利和生活质量"

▼ 房地产研究室室长含英振

单身人士大部分都选择一居室住宅或房屋面积在 60 ㎡ 以下的中小型公寓。一居室住宅和商住两用房，不仅要考虑月租，还要考虑管理费用，500 户以上的大型公寓的管理费用负担会较少一些。

第二要留意的是社区设施是否完善。生活便利设施完善，独立生活的质量才会提高。

第三，如果有私家车的话，还要确认是否有停车场。如果小区没有停车场，有车的朋友真的会很头痛的。

最近，家电产品和家具齐全的房子很受欢迎。这样就无需另外购买家具和家电产品，可以大大节省早期独立的费用，所以很适合独立资金较少的朋友选择。如果费用相同，那最好选择新建的房屋。因为不管怎样，更新的设施使用起来更加便利。

搬家之后，一定要确定日期，这样才能享受租赁保障。根据月租，还可以享受扣除所得税的优惠，所以一定要积极地利用好这一点。

　　若是为了实际居住或投资为目的，购买都市型生活住宅或商住两用房，要仔细分析房屋的地理位置，思考今后的投资价值，再做出选择。应该选择位于交通便利区域的房屋，还要分析一下与面积相比，售价是否太高。

单身房屋装饰窍门 #02

在独立生活及采访过程中，
我积累了不少装饰单身房屋的窍门，
现在一一总结出来提供给各位读者，
希望能为你提供充满感觉的室内装修构思。

装修之前先确认

前一章我们讲过，在签合同之前，一定要仔细查看房屋内部设施是否有异常。厨房水槽和洗脸台、水电等基本设施过于陈旧或有破损的话，房东有义务进行修理。然而，如果设施不是陈旧，而只是看上去过时了，房东就没有义务重新给你粉刷或铺地板了。年租型户型一般都是入住者来负责进行粉刷和铺地板。如果遇到心肠好的房东，或许他会负责做这些，但通常来说房东没有义务接受这样的要求。如果房屋有损坏的部分，最好在签合同的时候就进行协商。如果是月租型户型，则可以向房东要求对屋内的设施进行维修。

租赁月租或年租的房子时，你有义务按签合同时的状态，使房屋保存完整。想进行装修的话，一定要事先通知房东。因此，如果下定了决心"要给这个房子来个大变身"，就要在签合同之前，确认一下能不能按自己的想法进行装修，有的房东会让入住者按自己的想法去装修，也有的房东连一颗钉子都不让钉。

总之，租赁的房子最好不要改动得太大，这样对各方面都好。扩大阳台或制作一扇门等大工程最好想都别想。况且，那种大工程也需要投入大量的资金，不太划算。在不知何时又会搬出去的年租或月租房里，像要住一辈子一样投入大量的资金和心血，也是一种浪费。为了找房子已经支出很多钱了，还要为室内装修花大钱也一定会有负担。花了大把钱进行装修，如果在搬出去的时

1 古典风格：用古典的家具，打造欧洲格调的氛围。想要把所有的家具都买成古典风格的有些困难，这种时候可以与摩登的感觉适当地搭配。

2 自然风格：主要利用原木或白色系，营造质朴、自然的感觉。可以用小饰品或植物增添自然的氛围。

3 波普风格：利用一两个颜色鲜艳的图画或相框、多彩的家具进行点缀，就能营造出充满活力的造型。

4 摩登风格：设计简洁利落的家具，可以让狭窄的空间显得宽敞一些。但是如果安排得不好，就会显得过于单调，所以搭配多彩的装饰品也不错。

候不想再次花钱恢复原状的话，一定要跟房东事先商量一下。

决定室内装修风格

装修最重要的关键词是风格。选好了风格，装修起来就会轻松很多。决定好自己想要的装修风格之后，再一一决定与其相符的细节就可以了。

装修风格大体分为四种：摩登、古典、自然和波普。

如果在选择装修风格时感到困难，想一想自己喜欢的风格就可以。在决定装修风格的时候，最好的方法就是参考装修杂志。从装修杂志上剪下自己喜欢的照片，贴到素描簿上，就能够清楚地看出自己想要的装修风格。选好风格之后，再根据这样的风格购买家具和装饰品就可以了。在选择物品的颜色或彩纸的纹路款式时，先分析这些是否符合自己的风格，再做决定。

明确风格之后再进行装修

让我们先参考一下设计师权志英装修房屋的例子吧，她的做法是：先选好主色，再用与主色风格相符的造型进行室内装修。她发挥自身特有的艺术触觉，仅用了很少的费用，就把房子装修得极具时尚感。

主色选为"黑色 & 白色"

因为喜欢干净利落、摩登的氛围，权志英选择以黑色和白色为居室的主色。根据主色，她把家电和家具、布料的颜色做了统一。新买的产品全都围绕主色来选择，床罩和窗帘、椅罩等布艺用品则是她亲手制作的，也都以黑色或白色为主。

书桌和书架是铁质定制家具

为了购买书桌和书架，她逛了好多家具店，但是都没有找到喜欢的产品。苦苦寻找了好久适合室内风格的家具之后，最后还是决定向制作家具的朋友定制铁制家具。这些家具根据屋子的大小，用暗色调的铁质材料定制出来，是让室内氛围显得更加时尚的大功臣。

用亲手绘制的美术作品进行装饰

装饰房子并不一定需要很多钱。难看的管线或脏乱的墙壁什么的，用自己亲手绘制的美术作品遮挡一下就会变成漂亮的空间。在管线上贴上皮质的叶片，就可以变成优秀的作品。在墙上贴上亲手制作的作品，可以演绎出新鲜的氛围。

餐具和装饰品也要统一风格

餐具和小装饰品也用黑色和白色统一了风格。其实也没有其他的选择，因为在这种房子里，出现田园风格的碟子就会很不搭。只要有了明确的爱好和风格，在选择装饰品的时候就不会犹豫不决。

展示自我个性的室内设计

"人造房屋，房屋造人。"

正如丘吉尔所说的这句话一样，房子能对住在里面的人的意识和潜意识产生影响，引领他们生活方式的改变。也就是说，人会原原本本地受到自身生活空间的影响。

从这种意义上来说，装饰单身房屋的方式，不仅展现了自己现在的状态，也展示了装修者对未来自我的期望。

室内设计师赵喜善以成功改造金明敏、李成燕等明星的房屋而闻名，她强调说："我们生活的空间与收入关系不大，无论是自己的房子，还是年租或月租的房子，一定要成为反映自己生活方式的空间。"

赵喜善在装饰单身房方面强调的重点在于，不用花太多的钱，也能够把自己的房子装饰得富有个性。

我们往往会因为租的房子不是自己的房子，而产生"将就着过一下，合同到期了就搬走"的想法。不过，虽然房子是租的，但在那个房子里生活的人却并不是房东，而是你本人。虽然没有必要投资过多，但是可以在现有的条件下，把房子装饰成属于自己的天堂，将自己的个性最大化地展示出来。

自己动手装修，不仅能够大大地节省费用，还能最好地表现出自己的个性。再加上现在廉价的组装式家具和帮助 DIY 的工具，所以难度不是很大。

★ **有助于亲自动手装修的网站**

我的梦之屋 mydreanmhouse.co.kr	销售 DIY 用木材和镶板、涂料、地板材料等的网店，与室内装修相关的产品几乎应有尽有。
网上五金店"铁天地" www.77g.co.kr	销售包括木材在内的工具、家具用材料、电气材料、管道材料等，还可以获得 DIY 基础知识。

分阶段装修

装修跟着步骤一步步进行的话，也不是很困难。

在装修时，能发挥最大效果的就是墙。更换壁纸或进行粉刷，屋内的氛围就会焕然一新。一般来说换壁纸就可以了，但是最近直接进行粉刷的人也越来越多了，可以挑选自己喜欢的颜色，一边粉刷，一边享受装饰房子的快乐。不过，想粉刷的话，一定要征得房东的同意。

地板也跟墙壁一样，是左右室内氛围的重要因素。地板过于脏乱或过时的话，无论多么用心去装饰房子的其他地方，都没法营造

出该有的氛围来。木地板是使用最普遍的地板材料之一，无论是跟什么样的风格都很搭配。即使都是木地板，颜色也有从浅色原木到深色巧克力色的各种差别，根据装修风格进行选择就好了。

其次是灯光照明。漂亮的灯具在没有打开的时候，可以起到装饰的作用，打开后还可以把屋内的氛围变得温馨。西方国家和我们在室内装修上的最大差异便是照明。我们的装修一般习惯在天花板上安装日光灯，西方的房子大部分都是利用灯台架进行间接照明。间接照明比起日光灯更能营造出好的氛围，有人到家里做客的时候，还能遮挡黑眼圈和脸部瑕疵，让你显得更加漂亮。

结束基本的装修之后，就要布置家具了。在布置床和电视机、书桌等大型家具的时候，要考虑布置方向。特别是床头靠窗户的话，窗户会进风，让人很容易患上感冒。在放电视机的时候，要考虑光线的方向。如果光线直接照射电视机屏幕的话，就看不清屏幕了。

准备收纳空间

布置好大型家具之后，一定要准备收纳空间，这样才能让空间显得更加干净利落。东西放得杂乱无序，装修得再好也无济于事。而且，越是小房子，就越要充分地利用空间，收纳空间是必不可少的。一定要充分利用各种小空间。

装在墙上摆放物品的搁板，挂在房门上、用来挂包包和帽子

STEP 1 更换墙壁的颜色

卧室和客厅的墙壁最好选择干净利落的单色，可以让空间显得更开阔，非常适合面积较小的房子。暗色的壁纸和涂料会让空间变得沉闷和压抑。

STEP 2 更换地板

如果壁纸是白色调，地板选择暗一点的颜色，才会让人有安定感。如果更换地板很麻烦，铺地毯也是不错的方法。

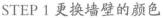

STEP 3 更换照明

只要把厨房的餐桌灯和客厅灯配置好，室内的氛围就会焕然一新。可以摘下日光灯，安装几个间接照明的灯。但是最简单的方法是布置几个台灯，想代替日光灯的话，开台灯就可以了。

STEP4 布置家具

在布置家具时最为重要的是决定方向。考虑好用途和动线等，决定位置就可以了。

等小物件的铁质挂钩，挂在墙上的铁制衣架……这些都是代表性的收纳工具。应用得恰当，收纳就会更加轻松，空间的使用效率也得到提高。

想重点装修的地方

在房子内选择一个空间，重点装修。相当于化妆中的涂睫毛膏或涂唇膏，能起到整体提升的效果。装修也一样，好好利用装饰品，就能够打造出别具特色的空间。如果这个空间还能同时体现你的品位或爱好，那就一举两得了。如果你的爱好是摄影，那就打造一个展示照片的空间；如果你喜欢收集人偶，那就把收集的人偶全都拿出来进行展示。这样一来，不仅能够随时欣赏到自己喜欢的物品，还能起到漂亮的装饰作用。风铃也是给空间增加生动感的装饰品。简单的风铃挂在客厅或卧室的天花板上，就会产生立体感。

装饰单身房的法则

到现在还不知道怎样装饰吗？室内设计师赵喜善为大家介绍装饰单身房的五个法则。

法则1　壁纸是最能改变房屋氛围的东西

想要改变房屋的氛围，最简单、最有效的工具就是壁纸了。壁纸的价格比较便宜，如果现在的壁纸过于破旧，或风格与整体氛围不一致的话，就大胆地对壁纸进行投资吧。只要很少量的投资，就会产生明显的效果。在挑选壁纸的时候，可以先看看各大壁纸公司推出的样品，然后在其中选择自己喜欢的就可以。选择壁纸的时候，你的视线会很容易停留在有条纹和花纹的壁纸上，但是颜色华丽的壁纸并不耐看，过不了多少时间就会厌倦了。因此，最好选择没有花纹的单色壁纸，如果想给空间带来颜色上的变化，就在各种单色中选择几种即可。

法则2　使用搬家时可以带走的装饰品进行装饰

因为是租的房子，把钱花在装饰上会有点舍不得，所以可以选择购买一些在搬家的时候可以拿走的家具或装饰品。房子虽然是租来的，但家具和装饰品完全可以挑选自己喜欢的产品。购买一个不错的照明灯，挂在厨房餐桌上使用，搬到新家之后，还可以换一下地方继续用，比如说挂到卧室里。挂钟也是一样的，购买一个不错的挂钟，可以长时间使用。另外，在墙上挂钟的时候，挂在墙壁的正中央会很难看，挂在空间的一边则会比较生动。椅子也是很好的装饰品。不要坚持椅子一定要成套购买的固定观念，不同款式各买一把会显得更加时尚。

法则3　进行混搭

单身房没有必要像新婚房一样，全都要买新的。装修的核心是混搭。比起成套

购买统一风格，以单件为主购买，与现有的物品进行搭配，也能把房子装饰得很别致。不要想着一住进屋就把一切东西都完美地准备好，先住着，每当有了闲余的资金时，再一件一件地购入，这样就不会有太大的负担，还能享受到购物的快乐。

法则4　用海报或画作提高品位

墙上挂一幅画，会显得房子的主人很有品位。想挂一幅好画，但是价格昂贵难以承受？那你就想错了。新手画家的作品没有那么贵，所以只要稍微费点心思就能够买得到。适当地挂上几幅小尺寸的画，室内的氛围会显得更加高级。

如果打算买几幅画的话，首先对画有一定的了解为宜。平时多去仁寺洞和清潭洞等美术馆和画廊举办的展示会看一看，提高你的鉴赏眼力。到处去逛的时候，发现不错的新手画家的作品就可以买下来，一般都是从1000元起价。培养看画的眼力，提早购买好画家的作品进行收藏，日后那个画家变得著名的话，他的作品还会有升值空间。

购买著名美术馆销售的海报镶上框也是方法之一。美术馆的海报，不仅使用了高档的纸张，印制也很精致，能够起到跟画作一样的效果。

法则5　积极利用搁板

搁板能让我们更有效地利用有限的空间。搁板有颜色和长度

的不同，合理安排之后，其本身也能够成为时尚的装饰品。搁板的款式多种多样，有一字形、口字形等不同选择。安装多个搁板，给空间来一点变化也是不错的。在搁板上整齐地摆放收藏的小玩意，就可以打造属于自己的画廊。

让房子显得更宽敞的装修秘诀

放置低矮的家具

高大的家具会给人一种压抑感，显得房子狭窄。所以对于较小户型而言，选择低矮、长形的家具比较好。在并排放置多个家具的时候，选择高度相同的家具能让房子显得宽敞一些。不过，也不能因此把好端端的高大的家具丢掉不用，这种家具放在入口处就可以了，这样当打开房门看向室内的时候，它们就不在整体视线范围内了。

统一颜色

空间的整体颜色要根据墙壁的颜色来决定。比如说，墙壁是象牙色，家具和布料也都选择象牙色或白色系就可以了。这样一来，室内的界限就会消失，房子会显得更加宽敞。

让地板露出的面积大一些

地板露出的面积越大，房间就会显得越大。所以如果住在小房子里，桌子和椅子最好选择窄一些的，并放在贴墙的位置或角落里。某一块墙壁和地板最好留作空白，留一面墙壁不进行任何装饰，或者在地板的正中央不再摆放任何物品的话，房间会显得更宽敞。

利用装饰品

统一装饰品的颜色或材质，摆设起来就能让房间显得宽敞。房间里放置一个大镜子，也能够起到让空间看起来更宽敞的效果。

照明尽量选择不显眼的玻璃或丙烯酸树脂材质，尺寸选择小一些的，颜色最好选择白色。

用装饰品增添氛围

装饰品既能提高室内装修的效果，还能让我们感受到收集的快乐。不过，如果是为了装饰室内，不能先想着要购买装饰品。在自己已经拥有的物品当中，有很多东西只要稍微变化一下，就能够变成漂亮的装饰品了。比如说空的漂亮水瓶或酒瓶、封面好看的书籍、照片或朋友从外国寄来的明信片等，在自己拥有的物品当中挑选漂亮的，摆设在室内的各个地方。这样，房子不仅会变得更加有趣，还能够展现自己的个性。

1 安装搁板之后，在上面陈列化妆品和玻璃瓶，可以同时解决收纳和装饰问题。
2 利用朋友送的瓷器碗和装饰品装饰房间的一角。
3 在红色铁质柜子上放置白色陶器，可以增加时尚感。
4 印度风拖鞋可以充分发挥出装饰的作用。
5 旅游时买来的纪念品也可以作为非常好的装饰。
6 凡·高的画集和古董水壶的完美协调。

用植物让房间更有生机

在室内放置植物，可以让单身房间更有生机。植物还可以净化空气，有助于稳定情绪。在首尔论岘洞经营花店"花家"的金恩珠小姐强调说，要享受花的话，并不一定要花很多钱。廉价的花盆或一朵花也能够营造出与众不同的氛围。花和植物是让单身的房子变得更加丰富多彩的不可缺少的元素。

在浴室里放置一个小花盆，打造更加舒适的氛围。可以放在洗脸台旁边或马桶上面。

1 在玄关前面或鞋柜上面放置花盆，进出的时候会让人心情愉快，也能给客人留下好印象。

2 在餐桌放置一朵小花，即使是一个人用餐也充满温馨气氛，再也不用羡慕高档餐厅了。

3 旧马克杯可以当作花盆使用。

#03 聪明的洗涤和收纳

无论是什么物品，比起购买更重要的，
是好好保管、收纳，长时间使用。
掌握了有效的洗涤和收纳方法之后你会发现，
做家务其实也没那么难。

洗涤和干燥技巧

脏衣服只要用洗衣机洗就好了？做家务可不是那么轻松的。洗衣机可以帮你解决大部分衣物，但也有一部分需要格外费心。

保护针织品

你是否有过不小心把针织品放到洗衣机里，洗过之后缩水变小的经验呢？把针织品放入洗衣机里洗，衣物很容易受损，所以还是使用中性洗涤剂来手洗比较好。使用普通的洗涤剂或漂白剂的话，可能会导致缩水或掉色。另外，使用含有纤维柔顺剂成分的洗涤剂洗涤，还能够减少衣物的静电现象。

在洗涤之前，要把针织品翻过来。把容易变大的手腕部分往里卷进去，或者用橡皮筋捆住。然后将洗涤剂在温水中稀释，用手轻轻地搓洗。

在晾针织品的时候，绝对不能直接挂在衣架上晾晒。因为这样晾晒之后，肩部会被衣架撑得突出来。一定要铺在地板或晾衣架上晾，在此之前，最好用毛巾尽量把水分吸掉。

已经受损的针织品要怎么处理呢？在水中稀释纤维柔顺剂，浸泡针织品一小时左右，按照原来的形状轻轻地拉拽。晾晒之后，再用蒸汽熨斗烫一下，就可以恢复原样了。

容易变脏的衬衫

衬衫最好送到干洗店，一定需要自己清洗的时候，要用凉水

手洗。

放入洗衣机里洗涤的时候，一定要先把纽扣扣好，防止衬衫变形。袖子上的纽扣也都扣好，可以防止衬衫与其他的衣物卷在一起。脱水时间尽量短一些，衬衫上留有水分，产生的褶皱会比较少。

衬衫最难去除的是领子和手腕部分的污渍，可以用面包片揉搓，也可以在洗涤之前涂上洗发水，放置 10 分钟之后再洗，效果会很明显。

晾晒衬衫的时候要把领子竖起来，袖子朝下，这样挂在衣服架上晾晒，可以减少褶皱的产生。如果在熨衣服的时候不小心烫糊了，用洋葱揉搓之后，再用凉水洗一下就可以了。

裤子快干法

把裤子内侧翻过来晾晒。把裤腰部分打开，用夹子只夹住裤腰的一面，保持内部通风，这样就会干得快。

利用洗衣袋

按照衣物的种类进行分类，然后再放入洗衣袋里洗涤，可以防止衣服缠在一起，晾衣服的时候也会很方便。要特别注意的是，容易受损的内衣或丝袜一定要放入洗衣袋里洗涤。

快速叠衣法

T恤

1. 如图所示，把T恤翻开。

2. 左手抓A点，右手抓B点。

3. 左手抓起A点，同时一起抓起C点，右手抓着B点向外拽出来。

4. 左手抓着A和C点，右手抓着B点，把T恤向两侧拉平。

5. 把T恤翻过来，脖子部分向左。

6. 不要松开手，直接向上折叠就完成了！

衬衫

1. 衬衫的纽扣全都扣好翻面，一边向内折叠，胳膊向外折叠。

2. 另一边也按照相同的方法折叠成长方形形状。

3. 下端向上折叠两次之后翻面就完成了！

裤子

1. 裤子对折。

2. 裤腰部分折叠到裤腿的中间位置。

3. 裤腿部分折进裤腰里面。

4. 根据收纳空间大小，还可以再折一次。

内裤

1. 内裤的两边向中间折叠。

2. 上端折叠到中间位置。

3. 剩下的部分塞进腰部。

袜子

1. 两只袜子叠放在一起，从 脚尖部分开始折叠。　2. 根据袜子的长度再多折叠 一两次。　3. 脚腕部分的收口翻过来， 包住整个袜子。

收纳让清扫更轻松

　　在清扫方面，持家高手们不约而同地强调的部分就是收纳。把物品按照用途分类在各自的位置放好，做到这一点，清扫就相当于完成了一半。如果养成使用完物品之后放回原处的好习惯，清扫起来就会更加轻松了。

　　观察一下那些杂乱无章的房子，你会发现，与室内的物品相比，收纳空间远远不足。因此，增加收纳空间是首要任务。然而，不管收纳空间再怎么多，也总是会觉得不够用。这种时候，要果断地减少物品数量。

　　为了顺利地进行收纳，利用筐或箱子之类能够分离空间的工具最好了。不过，为了收纳而购买太多的工具也是一种浪费，一定要计划好，充分利用使用产品之后剩下的箱子或盒子、瓶子之类的物品。

卧室收纳

1. 一般来说，旅行箱一年最多也就使用一两次，平时可以把它当作收纳工具使用。在旅行箱里保存不穿的衣物，这样它就变成一个很好的收纳箱了。

2. 利用贴在墙面上的挂钩可以几倍地提高空间效率。在墙面上贴上挂钩，上面挂上经常穿脱的衣物会很方便。因为挂钩是贴在墙上的，所以占用不了多少空间，对小房子来说尤为重要。

3. 壁挂收纳柜，可以放入容易弄丢的小发夹或头绳等饰品，不但占用的空间很小，还能清楚地看到里面的东西，非常实用。

4. 化妆品个头不大，整理起来却有些麻烦。可以根据化妆品的形态和种类，分别装在透明的盒子里。

1. 最不好整理的就是衣服了。把当季不穿的衣服套上防尘罩，放入防虫剂进行保存。T恤或不怕皱的牛仔裤折叠后放进衣柜里。

2. 内衣或袜子、毛巾等利用有格子的收纳盒进行整理，这样不仅方便寻找，看起来也很美观。

3. 暂时不用的被子或衣服装到收纳箱里，放在床下或衣柜上面，就可以节省空间。

4. 把收纳盒放在衣柜里面，这样各种零碎的物品也都能被隐藏起来了。把经常穿的衣服放在容易拿的位置，这样比较容易找到。

客厅收纳

1. 收纳盒真的很方便。不仅很轻，还能按自己想要的形状堆起来，可以有效地利用空间。

2. 在墙壁上安装搁板，比起放置书柜更能节省空间，而且还具有装饰效果。

3. 使用带有轮子的柜子，可以比较方便搬动，还能够轻松地利用空间。

4. 准备一个小框，把经常用的东西放在小框里，可以防止桌面脏乱。

厨房收纳

1. 将餐具按照种类分类保管，经常使用的餐具放在方便拿的位置。每天都要使用的杯子放在洗涤槽上会很方便。

© changsinliving

2. 洗碗柜里面和下面一般来说不会配置搁板，很容易变得杂乱。另购搁板放进去的话，就能够把东西整理得井井有条。

© changsinliving

3. 放入冰箱里的容器使用透明材料的为宜，这样里面都装了什么食物就可以一目了然了。如果使用的是不透明的容器，那就在容器上贴上写有相应食物的标签。

4. 冰箱内一定要维持清洁，食物要进行密封保管。谷物类和面粉装在透明的瓶子里保管，这样就能够容易找到了。

整理不使用的物品

屋子杂乱无章,原因多半是因为总在不断地购买新的物品。我们总是会觉得某种东西虽然现在不需要,但总有一天会用到,所以不断地往家里买进。屋子里东西太多,再多么用心去清扫,也不会给人整洁的感觉。日本料理专家门仓多仁亚在自己的著作《简单就好,生活可以很德国》中说道,即使是免费的东西,如果现在不会马上使用到,也不会拿回家。物品堆积得越多,就会产生要赶快使用它们的念头,还要为了保管这些物品而花费精力。

在自己拥有的东西中,如果觉得有一些是之后不会再用到的,挑出来分给别人也是一个不错的选择。如果捐赠给像"美丽的商店"那样的地方,就一定会有人能够用到它。还可以到跳蚤市场卖掉,赚一点零花钱用。

因此,一定要养成时刻观察屋子的习惯。试着把自己变成一个矿工,打开你的"探照灯",你一定能够发掘出不少的"矿石"。

时刻铭记这一点:整理是从扔掉开始的!

★向"美丽的商店"捐赠物品

通过打电话(1577–1113)或登录主页(www.beautifulstore.org)进行捐赠申请。届时会有专人过来拿走物品,也可以亲自把要捐赠的物品拿到分布于全国各地的商店去。这样一来,不仅能够整理房间,还能帮助需要帮助的人,真可谓一举两得。

清扫要轻松！简便！ #04

居家过日子，最让人烦恼的莫过于时时刻刻要面对的与脏乱的战争！其实，生活是需要智慧的，不妨学习一下科学又高效的清理方法，让清扫变得更简单、轻松吧！

制订清扫计划

日程安排不是只有当红艺人才需要的。清扫也是需要计划的，为了有效地打理房子，需要安排好日程。很多主妇常常会抱怨说，房间即使每天都清扫也看不出多大效果来，但是只要一天不清扫就会马上看得出来。若是毫无计划地盲目开始清扫，结果就是忙了一整天，也没有多大的收获，反而会让情绪变得很糟糕。单身女性跟家庭主妇们不同，不是每天都能清扫屋子，所以更需要计划和战略。

把家务分成每天要做的、需要一周做一次的、需要一个月做一次的、需要几个月做一次的，就能制订出很有效的计划。

一个人生活，要做这么多的事情，真是很不可思议。现在是否理解了因为日程排得满满而想逃掉的大明星们的心情了呢？

根据季节的变化，清扫方法也要有所改变。更换床上用品或衣柜里的衣服之类的事情是免不了的。首先，在春天快要到来的时候，就擦一擦因为整个冬天都没有开过而落满灰尘或者留下雪水印迹的窗户。因为开始生小虫子的季节到了，所以还要购买防虫剂放置在衣柜等处。到了夏天，清扫电风扇或空调，开始使用干燥剂。此外，要在进入雨季之前清扫阳台。再次到了冬天之后，就要清扫取暖设施，准备好冬季衣服和被子。

然而，你不是为了成为持家女王才选择独立的，所以这些计划仅供你参考。根据这些计划，设计出适合自己生活方式的持家方法就可以了。如果你是每天都做一点家务的人，那到了周末也没有特别要清扫的。经济负担较小的人，也可以一周一次请清洁工来帮忙打扫。因为世上除了清扫之外，还有很多要做的事情。

利用闲余时间进行清扫

你还记得那个关于木筷子的故事吗？一双木筷子容易弄断，但是想弄断十双木筷子可就没有那么容易了。记住这个木筷子教给我们的道理，养成每天都做一点家务的习惯，就可以每天都轻松地生活在清洁的房子里了。例如，洗澡的时候，顺便清扫浴缸和洗脸台；洗完衣服以后，清扫阳台。因为一次做的量不大，所以不会消耗你很多的力气，精神压力也比较小。

洗澡的时候，打开淋浴头之后不要一直站到热水出来，可以趁机用冷水清扫洗脸台或浴室地板，不仅能够节省水，还能轻松地完成清扫。

用湿巾擦过手之后，顺便擦拭一下桌子或地板。及时清扫，屋子就不会变得很乱。

窗框上的灰尘也是令人烦恼的，而且总给人一种清理起来会很麻烦的感觉，所以总是会视而不见。然而，窗框上的灰尘利用报纸就可以轻轻松松地清理干净。在积满灰尘的窗框上铺上报纸，用喷雾器对着报纸喷，喷到报纸湿透为止。等待 20 ~ 30 分钟以后，就能够轻松地擦拭灰尘了。趁周末白天开窗户通风换气的时候，

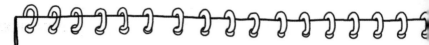

Cleaning schedule ♥

★ 每天要做的家务：清扫地板

每天，房间里都会落下很多头发和灰尘。如果实在是忙得没有时间，那就用吸尘器大致地清理一下。对在家做饭吃的单身女性而言，洗碗也是每天要做的家务之一。吃完饭之后马上就要洗碗，所以这的确是一件很麻烦的事情，不过如果推到下一次的话，就会更累，总有一天还是要自己来做的。

★ 2~3 天做一次的家务：用湿抹布清洁

如果每天都用湿抹布清洁一下当然最好不过，但是几天擦一次也没关系。不仅是地板，桌子和书柜上能看到的有落灰的地方都要擦拭一下。

每天

2~3 天

一周

一个月

3~4 个月

★ 一周做一次的家务

大清扫、垃圾分类及扔垃圾、洗衣服等

以上班族的情况而言，每周上 5~6 天的班之后，需要利用 1~2 天的休息时间把大部分家务做完。独立之前的休息日真的就是用来休息的日子，但是选择独立之后，休息日就是做家务的日子。平日里变得乱七八糟的房子，利用休息时间使它恢复原样吧!

★ 一个月做一次的家务

清理冰箱、清洗床上用品、清洗油烟机的油网、擦拭家具等

清扫一直以来假装没有看到的屋子里的每个角落。尽量把那些看不到的地方也全都清扫一下。即使是看不到的地方，如果一直处于脏乱的状态，也会对自己的健康产生不利影响。

★ 3~4 个月做一次的家务

换季时整理衣服、更换床上用品和窗帘等

想成是换季清扫就可以了。虽然我们在教科书上学了"四季更替给我们带来的好处"，但是四季更替对操持家务方面并没有多大好处。每当换季的时候，过季的衣服和床上用品都要进行交替和洗涤。

抽出一点时间来清理窗框吧。

即使是上班的时候很赶时间，也不能两手空空地走出去。上班的时候，顺手把垃圾扔掉。因为晚上下班回家之后，要为了扔垃圾专门出去一趟的话，会觉得相当麻烦。

下班之后，不管多么疲惫，衣服一定要挂在挂钩上，脏衣服直接放进洗衣机里。一边转洗衣机，一边准备晚餐，或洗漱准备睡觉。洗完衣服之后马上就晾衣服，免得衣服变皱或产生怪味。如果平时一点家务都不做，推到周末一起做的话，会让人畏惧周末的到来。每天都抽出一点时间，做一点家务，身心都会轻松。刚开始的时候，你可能会有一些不习惯，但是渐渐习惯之后，清扫就会变成很自然的事情了。

轻轻松松清理浴室

对许多人来说，最不愿意做的清洁工作应该就是清理卫生间了吧？然而，只要掌握一点生活智慧，就可以轻松地打扫卫生间，而且根本不需要购买那些广告中的浴室清洁剂。

首先，已经跑掉气体的可乐是去除马桶和洗脸台污垢最有效的清洁剂。在要清理的部分喷上可乐之后，等待20分钟左右，就可以用刷子或布刷洗干净了。

下水道很容易被头发堵住。这种时候，把细铁丝衣架用手捏直，探进下水道后把异物钩出来就可以了。有的时候下水道是因为生锈而堵住的，这种时候就把水和食醋以 6 比 1 的比例混合，倒进下水道里，就可以清除铁锈了。

食醋还可以用来清理洗衣机内部。洗衣桶里添热水之后，倒入 200 毫升左右的食醋，放置几个小时之后，转动一次洗衣机。

浴室的异味怎样去除呢？经常通风换气是不可少的，还可以利用蜡烛或咖啡渣。在浴室里放置一个香薰蜡烛，浴室中会散发淡淡的香气，变成令人心情愉悦的空间。

浴室中另外一个让人头疼的问题就是瓷砖上的黑霉和污渍。它们很难去除，用涂抹了清洁剂的钢丝球刷也无济于事，需要使用特别的方法。去除瓷砖上的黑霉，可以用漂白剂浸湿的手纸放在瓷砖上面，一直放到手纸变干之后再摘下来，这时黑霉和污渍就会消失得无影无踪了。浴室里的马桶也容易变脏，可以利用马桶清洁剂刷洗干净。

有一句话叫"瓶颈效应"。因为瓶颈很细，所以东西很容易卡在那里。卫生间的马桶就是体现瓶颈效应的典型用品。便秘了好几天，好不容易有一天终于排便了，但不幸的是马桶因此被堵住了。马桶堵塞之后，找人来帮忙也很尴尬。如果家里没有搋子（水拔子），就剪开塑料瓶，当成搋子使用也可以。然而，比这种方法更有效的是"塑料袋法"。先把黑塑料袋套在马桶上，用胶带粘严实之后再冲水，堵住的马桶就能十分神奇地被疏通了。如果各种方法都试过了还是不行的话，那只能叫人来处理了。

消除室内的奇怪生物

一个人的生活难免会孤独。即使是这样，谁也不愿意跟虫子或霉菌住在一起吧？

为了防止屋子生蚂蚁和蟑螂，记得不要把食物乱七八糟地放在屋子各处。吃面包圈的时候弄掉的白糖渣、饼干渣等，屋子简直就是寄给蚂蚁和蟑螂的邀请函。

开始生蚂蚁和蟑螂的时候，要马上消除，防止进一步扩散。虽然给 CESCO（提供有害生物防治服务的韩国企业，现在上海、北京均有分公司）打电话，他们会马不停蹄地赶来帮你消灭掉，但是你也需要为此支付不少的费用。

单身女士可以选择亲自消灭蚂蚁和蟑螂。购买杀灭蟑螂和蚂蚁的药，放在室内的各个角落。如果住在公寓，不要忘记定期消毒。

蚂蚁和蟑螂已经够恶心的了，若是出现连叫什么都不知道的奇怪生物的时候，更会让人大惊失色。看到蠼螋、突灶螽之类连名字都很陌生的虫子悠闲自在地在屋子里来来回回，谁的心情都不会很舒畅的。为了防止生虫子，在吃完东西之后，一定要清扫干净，在各处喷洒杀虫剂。

还要注意的是霉菌，它们虽然不会像虫子一样来回走动，但是可能会引发呼吸道疾病。到了夏季，房子里会变得很潮湿，墙壁或地板上容易发霉，一定要在早期就处理掉。雨季稍不注意，木制勺子、筷子也会发霉。发现屋里有发霉现象之后，要经常通风，墙壁或地板上形成的霉，则要用去霉剂清除。如果发霉是因为房屋本身的工程质量问题导致的，一定要联系房东要求解决。

垃圾分类

　　垃圾分类是为了保护环境而必不可少的行为。一次性把垃圾全部分类会更麻烦，所以要养成每当产生垃圾的时候，就及时分类放好的习惯。有分类回收箱的话会方便很多。每个小区垃圾回收的日期不同，所以根据自己小区的回收日期，把垃圾处理掉就可以了。

纸类

　　报纸用绳子捆在一起。要注意一下，湿报纸是无法再利用的。在纸类物品中不能混合乙烯基或塑料等物品。乙烯基涂层的广告传单或照片印花纸、壁纸也不能放入纸类物品中。书本杂志等也要用绳子捆在一起。乙烯基涂层的封面是无法再利用的，所以需要撕下来之后，捆在一起。牛奶盒用水冲洗一下，去除水分之后再压扁捆在一起。

塑料、瓶子、包装纸

　　包括洗发水、护发素的容器在内，水瓢、塑料碟、一次性饭盒等塑料材质的用品都可以回收再利用。塑料瓶、食用油桶、酸奶瓶、废

塑料等冲洗之后，拿下盖子，再用绳子捆在一起。装饮料的玻璃瓶也是可以再利用的。饼干袋或方便面袋子等也要捆在一起。

干电池

　　干电池中含有汞，不能随便丢弃。物业公司或居委会等处有干电池回收箱，一定要扔到那里去。

家电产品、家具

　　先到居委会进行大型废弃物排出申报，再把支付回收费用之后拿到的贴纸粘在废弃物上后扔掉。

换灯管的方法

　　换灯管貌似很难，其实却很简单，谁都能做到。只不过，自己一个人首次尝试的时候，为了安全一定要拉下电闸，或者戴上手套防止触电。天花板太高或个子矮的话，即使踩凳子上去也会够不着。为了应对这种问题，购置小梯子备用就好了。

1.踩凳子上去之后，打开灯罩上面的把手一样的东西。为了防止灯罩掉落，用左手托住灯罩。　2.把灯罩安全地放下来。

3. 拔下灯管连接插头，卸下灯管。

4. 换上新的灯管，插上灯管连接插头之后，关上灯罩。

人类是会使用工具的动物

即使很擅长清扫，也不会有人给你奖赏；即使不擅长清扫，也不会受到责罚。所以清扫的程度只要达到自己觉得 OK 的范围就可以了。不过，需要记住的一点是，人类是会使用工具的动物。利用能够让清扫变得轻松便捷的工具，就能够开开心心地打扫屋子了。

有一次，我去每天都用发卷固定发型，甚至还粘假睫毛的完美妆容罗美女家。是因为工作上的原因突然去的，所以没有提前通知，有点像突然袭击。平时她化妆那么华丽又完美，所以我想她一定是个非常勤快的人，对她的房子也产生了更大的期待。然而，出乎我的意料，罗美女家十分杂乱，就像刚刚被小偷洗劫过一般，这是怎么回事呢？

"我最心疼的就是把时间花在打扫房子上。"她这样说道。虽然每个人都有自己的标准，按自己的想法生活也是一种个性，不过

我当时真的很惊慌，都无法直视摘下假睫毛的罗美女的眼睛。以后每当看到罗美女的假睫毛时，我都不由得想起她那脏乱的房子。

我们往往会在装饰自己的外貌上下很大的功夫，其实，每天只要花费化妆打扮四分之一的工夫，我们就能够让房子维持干干净净的状态。如果想这样，就要从独立生活的那一天开始养成每天清扫的好习惯。每天清扫并不意味着会费太多力气，对单身生活的人来说，做到最基本的清扫就可以了。如果你善于利用各种清洁工具帮忙的话，清扫工程会更加轻松呢。

参考并购买持家高手们所推荐的清洁工具，按自己的方式进行清扫吧！

让清扫变轻松的工具

墩布

如果认为蹲在地上拿着抹布擦地实在不是你的风格，墩布会为你提供很大的帮助。实际上，姿势好不好看其实不是最重要的，只是蹲着擦地对女人的膝盖会带来致命性危害。较胖的姐妹们更要注意了。比

起伤到膝盖，还不如干脆让屋子继续脏乱下去算了。然而，如果想让姿势好看，而且不会伤到膝盖，墩布将会是你的首选。它是有一定的清扫经验的姐妹们异口同声地"强力推荐"的工具。

迷你吸尘器

©newgood

为了把屋子打扫得闪闪发光而购买的大型吸尘器，购买不久便会遭到冷遇。你迟早会觉得为了清扫屋子角落里的灰尘而拿出大型吸尘器又放回去这件事情真的很烦。单身住房的面积不大，用大型吸尘器会很碍事。只要有笤帚和簸箕就能够清扫了，但还想更便捷、有效地清扫，那就选择迷你吸尘器吧。无需购买多功能的吸尘器，只要选择最简单的迷你吸尘器就可以。它非常适合用来清洁每天都会形成的灰尘。屋子里少了灰尘，就会显得很干净，所以对懒惰的单身女而言，这真的是一件必备家电产品。

©gatevision

超细纤维抹布

使用细纤维制造的超细纤维抹布，能比较彻底地清除室内的

©sciman

小灰尘。因为它能吸附灰尘，所以会让打扫更加轻松。只是，使用漂白剂或纤维柔顺剂等洗涤的话，会引起纤维变形，因此一定要注意。

刷子

在家里应该保持最清洁的地方非浴室莫属了。为什么？因为它一旦不清理，就可能会变成最脏的空间。况且，还要为男朋友突然来家里的情况做准备，所以浴室一定要擦得亮晶晶的。现在还没有男朋友？或许把浴室清扫干净了就会有的。只要洗澡的时候，顺便用刷子刷洗一下每个角落，就不需要另外抽出时间来清理了。

©momoya

©livingtopia

灰尘掸子

灰尘会像雪一样落满整个房子。周末白天，敞开窗户，清除家里的灰尘。不然那些灰尘都会被你吸入体内的。

清扫拖鞋

专为"懒人"们所设计的清洁用品。穿着它走动，也能够让地板变得干净一些。但如果走得太轻了就没有太大的效果，不过总比不做要强。有机器人吸尘器就再好不过了，但是对不想拖地的单身女人来说，清扫拖鞋是性价比最高的工具了。

© livingtopia

可撕式粘尘器

© sesa

滚筒式粘尘器主要用于粘去衣服上的灰尘，用来除去地板或床上用品上的头发和灰尘也非常棒。粘完灰尘之后，把使用过的部分撕掉就可以了。粘尘纸用光之后，可以换一卷新的，十分方便。

小苏打

小苏打的用途很多。它可以用在清扫、洗涤、刷碗等很多家务上。烧焦的汤锅里放入小苏打和食醋，等水烧开之后再擦洗一下，焦痕就容易洗掉；失去光泽的不锈钢锅用小苏打擦拭后就会变得亮晶晶的，像新的一样。在厨房水槽的排水口撒上小苏打，再滴一些食醋，就可以把细菌和异味去除得干干净净。用纸包裹少量小苏打之后，放在衣柜里，还能起到防潮去味的效果。在洗衣服的时候，用小苏打代替纤维柔顺剂使用，也能起到去味的效果。

访谈一

"环保持家，乐在其中！"

▼作家　赵美慧

　　我觉得独立的最大好处就是"可以过上自己一心向往的生活"。

　　跟妈妈住在一起的时候，要按照妈妈的方式生活，自己的生活方式很难实现，但是一个人住的话，就能够想做什么就做什么。这一点令我很满意。因为是自由职业者，所以没事情的时候，大多数时间通常都会在家里度过，我通常会利用在家里的这段时间，满足平时对生活持家的好奇心。

　　独立之后，我努力实践的就是为环保所做的一些小努力。其中之一，就是购买 EM（有效微生物），亲手制作微生物洗涤剂使用，以此尽情享受环保持家的快乐。

　　亲手制作的微生物洗涤剂不仅可以用来刷碗，还可以用在洗涤、沐浴、洗发水、洗脸等方方面面。使用微生物洗涤剂，可以让洗涤剂里面的微生物进入下水道，起到净化水的作用。虽然亲手制作洗涤剂有些麻烦，但是每当想到能有助于环保，我就会变得很开心。我把亲手制作的微生物洗涤剂分享给了周围的人。很多朋友刚开始的时候都说麻烦，不过亲身体验到微生物洗涤剂的效果之后，也开始自己制作使用了。看到这样的情形，我感到很自豪。

　　如果我一直跟妈妈一起生活的话，肯定没有要实践环保持家的想法。那样我只会吃完妈妈做的饭，然后出去工作。独立生活让我变成了真正的大人。

★制作微生物洗涤剂的方法

　　EM 原液、白糖、盐、面粉、水搅拌均匀，在常温下放置 1~2 周，等发酵之后开始使用。EM 原液可在网店购买。

★微生物洗涤剂的用途

· 刷碗：不需要其他的洗涤剂，只用这个刷碗就可以了。沾满油的碗先用厨房纸擦拭之后再洗更容易洗净，这样还能防止水质污染。微生物洗涤剂是通过发酵微生物而制成的洗涤剂，所以对水质污染影响较轻，还能起到净化被污染的水质的作用。

· 洗衣服：减少洗衣粉的使用量，再放入微生物洗涤剂，可以用少量的洗涤剂把衣服洗干净。在喷雾器里放入微生物洗涤剂之后，喷洒在被子或衣物、鞋子上面，还能起到杀菌的作用。

· 给花草浇水：微生物可以让土壤变得更健康，让花草生长得更好。花草的叶子会变得绿油油的，花朵或果实也会变得更饱满。

#05 我的安全，我来守护

因为是自己一个人生活，所以从现在开始要学会自己保护自己，学会从容应对各类突发事件。另外，随着独立生活的女人的增多，针对独居房的犯罪行为也在增多，单身女性应如何防范和应对呢？

应对突发事件

应对火灾

　　为了应对火灾，准备一个灭火器心里也会踏实一些。如果房子已经安装有紧急灭火装置最好，如果没有，就购买一个小灭火器放在家里，靠这个也许就能够逃离火灾的危险。灭火器可以在网店或灭火器专卖店购买，价格也不贵，一般在几十到一百元之间。少喝几杯咖啡，用省下来的钱守护自己的安全吧。

应对停电

　　夏季用电量增加，负荷超载，可能会引起突然停电。从前停电的时候人们都点蜡烛，最近利用智能手机就可以了。在智能手机里下载好"手电筒"应用程序，放在手机画面最容易看到的位置。突然停电的时候，它会提供很大的便利。

　　打开手电筒之后，确认是不是只有自己家里停电了。如果别人家也都停电了的话，通常都是因为线路出现故障导致的，工作人员会马上进行维修。因为心里不安，大家都打电话的话，反而会引起信号拥堵，所以保持沉着，静静地等待。

　　如果是只有自己家停电，那就把所有电器的插头都拔下来，检查漏电断路器。

打开断路器，按下右边的红色按钮时，断路器向下跳的话，就表示电器设备出现了过热或短路等问题。这时需要让电业承办商过来进行维修，向物业或房东寻求帮助就可以了。

准备工具

为了应对屋子里的设施出现故障的状况，还要准备一些简单的工具。可以购买一个工具箱，里面装有各种工具，在发生各种情况时都能应对。虽说维修是男人该做的事情，但即使让男朋友过来修理，家里有工具也会方便很多。

记住紧急联络人的电话

单身女性的住所存在着许多安全隐患。为了预防盗窃，在玄关放上一两双男人的鞋子，小偷就会误认为是有男人居住的房子，危险就会降低。虽然是比较老套的方法，但还是行得通的。据说有眼力的小偷还能看出是否是别人的鞋子，所以不要放太过时的鞋或沾满灰尘的鞋子。

为了应对紧急情况，一定要保存紧急联络人的电话。为了发生紧急事情的时候能够马上进行联系，一定要在手机里保存

附近的警察局或派出所的电话号码。有陌生的人在屋外逗留的时候，可以打电话要求巡逻。在紧急的情况下，人可能会一时想不起电话号码，所以可设置成快捷键。

　　最好再保存一个发生紧急情况的时候，打电话就能马上过来的男性朋友的电话号码，是住在附近的人就更好了。因为如果离得太远，即使寻求救助，也很难及时得到帮助。需要注意的一点是，紧急电话只能在发生紧急情况的时候拨打。没多大的事就拨打紧急电话寻求帮助的话，很可能会被人们当成是"放羊的小孩"。

关好门锁

　　如果住在公寓和商住两用房等有管理人员或治安好的地方，就不用担心治安问题了。不过住在一居室住宅或排屋的一至二层，那就要对治安问题多费一些心思了。

　　我有一个后辈在大学路附近的一居室住宅生活，一年遭到过两次入室盗窃，丢了很多东西。还有一个后辈虽然住的是公寓，但是小偷切割了走廊一侧窗户的铁栅栏入室，偷走了钱财。像她们一样只丢失钱财算万幸的了，还是有人可能会成为性侵犯或暴

1. 在家的时候，特别是晚上睡觉之前，把所有的门锁都锁好。

2. 如果只有一个门锁令你感到不安，那就再安装一个数码门锁。因为它是用密码钥匙卡，或指纹等打开和锁住的，所以不用担心弄丢钥匙。

力犯罪的受害者，所以一定要多加注意。

防盗措施一定要事先做好。为了预防小偷，双重锁是必不可少的。我曾经听人说过无论是什么样的门锁，小偷都能打开。尽管如此，还是要安装双重锁，理由就是时间。对小偷而言，时间就是生命，在打开双重锁时，他们需要花更多的时间。也就是说，为了不想做两倍的工作，他们会直接走过。因此，即使是自己花钱，也要安装双重锁。如果是有数码门锁和用钥匙打开的门锁、门扣这三样的话，就不用担心了。

窗户也要锁好

人的心态很怪，有玻璃窗的话，总想往里面看一看。居住在低层的话，一定要拉上窗帘，让人们无法从外面看到室内。也尽量不要在从外面能看到的地方晾衣服。某些变态的人在看到胸罩或内裤等女性内衣或服饰之后，可能会采取犯罪行为。

出门的时候，一定要锁好窗户。从古至今，小偷们都本事通天，常常神出鬼没。住在高层可能觉得不会进小偷，但是这种侥幸心理往往会酿出悲剧。即使住在高层，小偷也能通过煤气管道入室盗窃，所以也一定要锁好窗户。特别是夏天，因为天气热而开着窗户睡觉是十分危险的。

如果窗户上没有铁栅栏，一定要安装。在签租赁合同的时候，最好事先向房东要求安装铁栅栏。如果房东拒绝，即使自己花钱也要安装。特别是住在一至三层之间时，一定要安装栅栏。不过，时而会有用铁锯割断铁栅栏入室盗窃的小偷。如果担心这一点，就设置一些让人更安心的设备。比如窗户打开到一定程度就会发出警报声的窗户警报器等，在大型超市或网店销售的各种防盗设备中进行挑选就好了。

1. 即使有铁栅栏也不能完全放下心来，所以出门的时候，一定要锁好窗户。

2. 如果不是不透明窗户，就拉下窗帘或百叶窗。选择较薄的材质，室内还能进入适当的光线比较好。

准备防身用品

对单身女性而言，深夜或凌晨时分是容易遭遇罪犯的危险时间。因此，在深夜或凌晨时分，女性最好不要独自回家。结束聚餐或聚会之后，喝醉的情况下，一个人摇摇晃晃地回家是特别危险的，所以这时最好拜托熟人送自己回家。如果不得已要一个人回家，那最好给朋友打电话，边聊边回家。一边戴着耳机沉浸在音乐里一边走路而不留意周围的状况也是很危险的。

准备防身用品也是不错的方法。市面上有防身喷雾器、气枪、警报器等多种防身用品，购买一件放在包包里随身携带，或者放在床头触手可及的抽屉里，可以预防或许会发生的可怕的事。

让陌生人进家里的时候

最近有很多伪装成出租车司机的强盗。社会变得如此可怕，虽然有些可悲，但也不能一味地哀叹下去。要打起精神，保护自己的安全。根据调查显示，一个人长时间安全地生活的单身女性们身上都有一个共同点，那就是不会让陌生人进家里。

在家里签收快递或外送是很危险的。因为这样一来，一个人住的情况就会被暴露。虽然善良的快递员更多，不过有防备之心总不是坏事。

一个人的时候，尽量不要叫外卖食品，如果一定要叫外卖的话，就在小区大门见面，自己拿回家里。快递最好寄到公司或让快递员送到小区值班室。如果小区里没有值班室，就让快递员把快递送到楼下的便利店，这样会比较安全。如果连便利店也没有，就跟小区附近的干洗店或食品店的老板多熟悉一下，去那里签收快递。还有一个办法，就是即使在家也不要开门，让站在门外的快递员把东西放在门前，等人离开之后再出去把东西拿进来。

电子产品或互联网等出现故障的时候，只能叫维修人员上门维修。这种时候，不要一个人等维修人员过来，事先把朋友或家人叫到家里来一起待着。当然，大部分维修人员都是好人，不过最好事先预防或许会发生的不好的事情。当朋友们有事情过不来的时候，就在维修人员在场的时候，给朋友们打电话讲现在的状况。这个也做不到的话，就把房门和窗户全都敞开着，直到维修人员离开。

电影《天地大冲撞 2》中有这样一句经典台词：

"在庭院里被毒蛇咬伤的可能性是 1%，你会让你的女儿在那里玩耍吗？"

即使可能性只有 1%，但只要存在危险，小心就是理所当然的。

耳朵一亮！守护安全的应用程序
——独立单身女必不可少的应用程序

赶走流氓的防身应用程序"谁呀"

有的人明明知道是一个人住的房子，还会按电子门的键盘，

或者按门铃。单身女性一个人住在家里，遇到危险情况时难免会惊慌，还会因为畏惧无法打开门查看外面。

有一个应用程序，可以在陌生人按门铃，或者快递员上门的时候使用，就是"谁呀"应用程序。因为是免费的，所以可以下载到智能手机上应急。

根据状况可以选择男性的声音。例如，有陌生人敲门的话，在"谁呀"应用程序中按下"谁呀"这个词。粗重的男人声音会替你向门外的人问"谁呀"。

如果担心流氓会听出是应用程序的声音的话，就录下男朋友或弟弟等家人亲戚的声音来使用。还有在紧急状况下拨打的"119"快捷按钮。只要按下这个按钮，就会马上拨通119，可以举报紧急的状况。

在小胡同遇到流氓的时候"赶走流氓"

下班回家的胡同里，或在公共交通工具上，遇到流氓的时候可使用的应用程序。

此应用程序包含警报器功能、警笛功能等，以及在危急状况下，可以得到周围人帮助的多种功能。

同时，它还会提供一些预防方法，如不想遇到流氓，就不要深夜一个人走黑胡同，不要戴耳机等。

安心地搭乘出租车的"出租车安心"

最近出租车犯罪事件也逐渐增加，深夜回家的时候搭乘出租车就会感到不踏实。在应用程序商店以 0.99 美元销售的 "出租车安心"，此应用程序会帮助你安心地搭乘出租车。

搭乘出租车之后，输入出租车车牌号，就会向事先指定好的朋友或家人，还有推特或 Facebook、电子邮件等，即时发送用户现在所在的位置。

安全地回家的 "回家帮手"

这是能帮助用户安全回家的应用程序。有着跟踪现在所在位置的功能，在遇到危急状况时，用力摇晃手机，就能自动拨通事先指定好的电话号码。同时，这款程序还有应对性骚扰等问题的录音功能。与此应用程序拥有类似功能的，还有京畿道开发免费提供的 "女性安心回家"。在出发之前设置目的地和抵达时间等，在脱离指定路线的时候，熟人就会收到短信。

脱离性侵犯危险的 "提供安全"

这是警方为了保护儿童、女性、残疾人等社会弱势群体而开发提供的应用程序。此应用程序提供在失踪的时候可以快速应对的指南，还能举报女性暴力、强奸等遭遇，可以简单地搜索住家附近安全设施的位置。如果事先储存关于自己的信息，就可以更加快速地进行举报。

访谈一

"自己的安全自己守护"

▼《首尔体育 The Daily Sports Seoul》朴孝实记者

我认为，在独立生活中最为重要的是安全问题。即使房东不主动过来帮你安装各种安全设施，自己也要花钱安装。为了安全，我把看上去有些简陋的铁栅栏更换成了坚固的。年租的房子房东很少会给安装铁栅栏，所以即使自己掏钱也要安装。我还另外购买安装了一个门锁，又安了一个门扣，这样就可以更加安心地生活了。

每当搬家的时候，我都会跟邻居们打招呼，跟他们认识一下。搬进新家之后，会给邻居送打糕和水果，跟他们聊上几句；每当遇到的时候还会打声招呼，友好相处。如今很多人都不知道自己的邻居是谁，平时与邻居打招呼、认识一下的话，日后有事的时候还能向他们寻求帮助。每当出差好几天的时候，我都会把花盆托管给邻居家。

而且，也不要忘了跟保安大叔搞好关系。春节或中秋等节日的时候，拿着牙膏礼盒或食用油礼盒之类的东西拜访他一下。跟保安大叔搞好关系之后，每当晚上加班凌晨回家的时候，他都会通过监控器一直看我安全地进到家门。而且，我收到很重的包裹的时候，大叔还会帮我拿到门外，在生活上给予我很多帮助。

"外出的时候一定要锁好窗户！"

▼江北警察局 张中镇警察

　　为了预防小偷，需要多加留意的地方是窗户。其实，小偷进行盗窃的时候是不分时间和场合的，甚至连警察住的房子也会被盗。不过，只要锁好窗户就能够预防90%的盗窃。因为据统计发现，比起房门，大部分小偷都倾向通过窗户入室进行盗窃。

　　即使家里的窗户很小，也不能大意。比如卫生间里的非常小的窗户，很容易让人产生"小偷该不会从那么小的窗户进来吧"的想法，就会导致疏忽大意。然而，只要窗户的大小是人的头部能进来的程度，那人的身体就完全能够通过。这一事实一定要铭记。

　　有很多住在二至三层的朋友，在没有锁好阳台的窗户或走廊侧窗户的情况下，就直接出门。记住，即使是住在高层，小偷也能通过爬煤气管道入室，所以绝对不能疏忽大意。大部分小偷都会把目标锁定在通过铁栅栏把手伸进去之后，能打开窗户的房子。很少会有把锁着的窗户打碎之后入室进行盗窃的小偷。

PART 2 MONEY
实现经济上的独立

从经济上实现独立，才算是真正的独立！
下面，我将为你介绍准备独立费用的方法，
教给单身的你一些必要的经济常识。

#01 准备独立资金

独立意味着要自己负责自己的生计。

既然已经下决心要独立，

那就准备一下资金吧！

准备费用

独立所需的费用要自己亲手准备，这应该是独立的出发点。先拿出放在抽屉里的存折，确认一下存款余额。上了几年的班，存折里应该至少要有几万块才是，不过事情总是会有例外。

只不过每到换季的时候，去百货商店买新衣服穿而已；到了夏季休假时期，赴海外度假村，在蓝色泳池泡泡身体而已；吃过几次朋友和著名的厨师推荐的早午餐而已，为何存款余额竟然如此之少？这是不少人打开存折的第一反应。

如果存款余额少于5万元的话，就暂时把独立计划搁置一下，花几个月的时间集中筹集独立资金吧。经历了到处找房子的过程之后，或许会失望得想跟父母过一辈子的。

在筹集独立资金的时候，一定要遵守下面的守则。

1. 不要欠债

平时使用信用卡的上班族大部分都过着欠债的生活。他们都会有没钱的时候先用信用卡，等到发工资之后再还款的生活习惯。在需要大笔钱的时候，很多人还会办理"负存折"。负存折只要办理一次，就会让人对持有负债的事实变得迟钝，如果没有自制力，就很难把债还清。不欠债是最好的，但是生活中往往会遇到意想不到的事情。如果不得已有了负债，那不管怎样，先全力把债还清才是首要的。

2. 工资的 50% 存入银行

存款当然是越多越好，不过依照单身上班族的情况，最理想的存款金额是工资的 60% 以上。如果觉得这有些太苛刻，那就建立至少存入工资 50% 以上的原则吧。有时候即使下了决心也很难控制自己，所以通过零存整取的存款方式强迫自己也是不错的方法。如果打算把该花的全花完之后，再把剩下的钱存入银行，那根本就攒不下钱。一定要先存款之后，再用剩下的钱生活一个月。

申请贷款

用自己的存款支付房租是最好的，这一点有些困难的话，就要考虑一下贷款了。要知道贷款不是免费的，没有一家银行会因为你想贷款，就什么都不追问直接给你办理贷款。贷款需要付出利息的代价，所以一定要在自己能够承受的利息范围内进行贷款。

根据金融界业内人士所言，进行贷款的适当金额是一个月的利息为 1000 ～ 1500 元。需要偿还的利息如果占到了收入的 20% 以上，就会对生活质量产生影响。一定要注意，利息占收入的 10% 左右，对生活才不会产生影响，可以维持正常的生活。

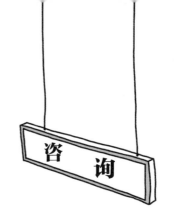

银行职员：您要办理什么业务？

罗小姐：我想申请贷款。

银行职员：好的，您要贷款的金额是多少呢？

罗小姐：为了支付一年的房租，需要 50 万左右，可以办理吗？

银行职员：您想抵押什么呢？

这段对话中出现了"抵押"二字。它在字典中的意思是这样的——债务人或第三人对债权人以一定财产作为清偿债务担保的法律行为。简单地说,就是为了防止债务人不还钱的情况,对物品享有一部分权利的意思。罗小姐拥有的最昂贵的物品只有前不久狠下心来购买的名包。千万不要问"包包也能抵押吗"这种问题,因为它是抵押不了的。

也不需要因为自己没有抵押品而感到失望,去多家银行详细了解一下现在可以申请贷款的金额。根据职业、资产规模的不同,贷款金额也会有所差异。而且,每家银行的贷款额、利息率以及抵债方法等都略有差异。最好自己跑腿亲自了解一下。

年租或月租

最近的年租金真的不是开玩笑的。巴掌大的小房子,在首尔市内也很难找到1亿韩元(约合人民币54万)以下的年租房。为了独立,1亿韩元全都由贷款支付,这是鲁莽又危险的事情。

如果手上没有可以租年租房的钱,那就只能选择月租了。月租是每个月向房东支付房租居住的形态。如果签的是月租为50万韩元的房子,那等于一年中自己的钱包里消失了600万韩元。在此基础上,还需要伙食费和水电费等费用,所以在选择月租的时候,一定要仔细计算一下所需的总费用。

一定要仔细比较一下在利息和月租中，哪一种更加经济实惠。选择产生更少的费用的那一种，哪怕只少几万韩元也行。

最近，还出现了叫做半年租的新形态租赁方式。它是一种降低年租金，把相应的金额转嫁到月租上的方式，不失为一种新的选择。

访谈一

"选择月租，还是贷款选择年租呢？"

▼ 国民银行永登浦分店贷款负责人 崔宗隈 次长

　　如果有年租资金的话，比起月租，选择年租是更加经济的，这一点是人人皆知的事实。然而，没有能力筹集年租金的话，只能选择月租了。是选择月租实惠呢，还是申请贷款然后还利息更实惠呢？

　　年租的情况，银行通常会放贷年租金的 70% 左右。年租为 1 亿韩元，可以贷款 7000 万 ~8000 万韩元。然而，不是每个人都能贷到相同额度的款。通常银行方面都会根据个人的收入和抵押内容、与银行的交易往来等，决定贷款金额。

　　银行实施的自行年租金贷款是根据贷款人的收入，在住宅信用保证公司进行担保的情况下，银行进行放贷的模式。因此，根据收入差异，贷款金额会不同。如果年收入为 2000 万 ~3000 万韩元的话，可以得到的年租金贷款额度是 4000 万 ~ 5000 万韩元左右。

　　如果想申请年租金贷款，专注于与一家银行进行业务往来会比较好，这样贷款额度才会变高。上班族贷款需要提供收入证明，而对于难以提供凭证的自由职业者，会根据信用卡使用额或国民年金等来衡量收入。

访谈二

"与银行搞好关系其实并不难！"

▼ 国民银行 金英俊 部长

　　与银行交易的基本法则是贷款时选择利息最低的银行，存款时选择利息最高的银行。登录"www.moneta.co.kr"网站，可以实时了解各家银行的存贷利息。利用这种信息决定进行存款和贷款的银行即可。

　　如果选好了银行，进行过咨询，并已经决定申请哪种类型的贷款的话，接下来就填写贷款申请书吧。

　　有句话说"胳膊肘往内拐"。如果是相同的条件，那平时主要往来的银行可能会在贷款上提供更多的便利。所以，平时只用一家银行也是不错的。与银行职员搞好关系也是有好处的。与银行职员的关系好了，那么在银行推出各种不错的商品时，他们会主动向你推荐。与银行职员搞好关系其实也并不难。平时买瓶饮料放在他们的办公桌上，或者亲切地向他们微笑一次就可以了。

#02 签合同时千万不能大意

如果找到符合你的条件的房子，

那一定要睁大眼睛，

签不会让自己的利益受到损害的合同。

签合同的步骤

不辞辛苦到处奔波，终于找到了让自己满意的房子，那你一定下手要快。因为你看中的房子，别人也会看中的概率很高，可以先交一些定金，签草签合同。这是为了防止房东跟别人签合同而签订的"临时合同"。在签草签合同的时候，往往需要交一些定金，根据自身的状况，定金的金额应与中介商议决定。不过，不建议交过多的定金，因为不知道今后会发生什么状况。

定金一般交房租的 10% 左右。在签订草签合同的时候，也一定要收取发票。

签完草签合同之后，如果决定签正式合同，就给房地产中介人打电话，表明你的意思，然后约好与房东见面签合同的日期。在不见到房东本人的情况下签合同是非常危险的。与代理人签合同的时候，一定要通过附有印鉴证明的委任书确认是否有代理权。如果一个人直接跟房东签合同的话，在出现问题的时候，没有人可以在中间调解纠纷，因此不建议以这种方式签合同。如果觉得自己不够精明，一个人签合同有些害怕，就跟家人或有经验的人一起去。

合同期限通常是两年，不过最好签一年的，先住一段时间看看，然后根据状况再延长期限为宜。而且在合同到期之前，或许会发生要突然搬走的情况，这种时候新的入住者就需要由本人来招了。

正在准备签合同的你，生平第一次签公文感到紧张是吗？不要畏惧。只要知道以下几点，其实也没什么大不了的。

房屋租赁合同

世上所有的合同都一样，长得都那么枯燥乏味。现在要留意看的是合同的内容。房地产的中介人制订合同之后，仔细读一读，然后盖章就可以了。

在此之前，先要确认房产证副本。房产证副本通常由房地产中介人事先准备好。如果没有提供就提出要求查阅。看房产证副本的理由是为了确认你要租的房子是否有债务。如果有抵押给银行之类的情况，房子会有因无法偿还债务而被拍卖的可能性，这样一来你的保证金就无法收回了。在大法院互联网登记所（www.iros.go.kr）可以查看房产证副本。如果房产证副本上没有负债，就可以签租赁合同了。余款支付日期尽量定为入住日期，会安全一些。

一定要仔细确认的合同要点：

1. 确认保证金的金额。一定要数清楚 0 的个数。

2. 确认余款支付日期。

3. 如果是月租，要确认交房租的日期。

4. 确认合同期限。

5.确认房东与出现在眼前的人是否是同一人。确认合同的名字、身份证号、地址之后，与房产证副本上记载的内容进行对照，看一下是否一致。

#03 搬家也要精打细算

搬家的费用也是需要考虑的，搬进新家之后，还要购买各种家居用品，最后还得支付剩下的余款，这些全都计算好了才能防止钱财流失。

预约搬家公司

在选择搬家公司的时候，至少给三家公司打电话大致了解了以后，再选择最合适的一家。这时不要一味地选择费用最低的搬家公司，搜索对搬家公司的评价等之后，再做出选择。因为费用低而预订之后，结果发现行李的破损率高，或追加费用多，这样一来等于是贪小便宜吃了大亏。

日历上有搬家的吉日。这一天搬家的人自然会很多，所以竞争很激烈，搬家公司收取的费用也会高一些。所以，避开这种日子，就可以节省一些费用。

搬家公司的搬家费可以打电话咨询，也可以上网查询报价。服务的种类一般如下，具体的事项每个搬家公司之间有所差异，所以建议查询之后再决定。

需新购的物品和该舍弃的物品

在独立时，重要的是要明确哪些东西要带走，哪些东西该扔，哪些东西需要重新购买。如果是家电齐全的公寓或一居室住宅，就可以在购置家居用品上少花一些力气了。如果不是，就要在现在住着的父母家，选好该扔的和该带走的物品。离开家之后，就连指甲刀也要花自己的钱购买，所以能带走的最好都带走，不过大型的家电和家具以及有没有都无所谓的物品，一定要排除在外。

服务的种类

种类	内容
普通搬家	男职员 2 人 + 女职员（可选项） 运送 + 家具 / 电器摆放
包装搬家	男职员 3 人 + 女职员 1 人（厨房物品） 包装 + 运送 + 整理整顿

在看报价之前需核对事项

项目	种类	件数	打钩
家具			
大型电器			
箱子			
厨房用品有无			
目前居住楼层（电梯有无）			
新家的楼层（电梯有无）			

而且，搬到离父母家较远的地方的话，那行李就要更加简便为好。

有些人选择独立之后，就想从家具到碗碟的各种东西统统全都买新的。不过，就因为价格不高而无限制地买入的话，可能会把卡刷爆的。从现在开始生活费就会增加了，有可能的话，还是带走在家里使用过的吧。

不过，带走跟新家的装修一点都不搭的家具，只会让你每天都看着不舒服，最后还得花钱让人搬走的。如果条件允许就买新的，不然也可以选择重新改造，如进行粉刷、更换手柄之类。这样就可以拥有世上独一无二的属于自己的家具了，可谓是一举两得。

　　女性特别喜欢买衣服，打开衣柜一看，可能衣服的数量之多会出乎自己的意料，所以，在整理搬家行李的时候，顺便整理不穿的衣服吧。整理对象是近三年来你一次都没有穿过的衣服。可以断言的是，这些衣服在今后的十年里你也不会穿的。如果整理完不穿的衣服，还有很多衣服的话，就只拿现在穿的衣服，剩下的衣服等到换季的时候再拿走也不迟。

必不可少的家居用品的费用估算

　　生活所需的家居用品，根据不同的空间制订出清单，估算金额就会方便一些。决定从老家拿走的物品就排除在外，大致估算一下需要重新购买的物品的金额。确认一下新家里面是否已经有家具或家电了。即使已经有了收纳柜，但是跟自己的物品相比不够用的话，就再另外添置。

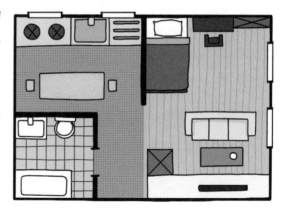

服务的种类

项目	说明	金额
床	占地面积最多的家具，如果房子面积很小的话，就果断地放弃，或者只铺上床垫。	
床上用品	应该有夏季用和冬季用，为了可以换洗应准备多份。先准备当季的。	
窗帘 / 百叶窗	为了安全，为了保温，必不可少。	
衣柜 / 衣架	有内置入墙式衣柜最好，没有的话，搬家的时候购买便捷的组装式衣柜或衣架。	
清洁工具	根据自己的喜好和状况，购买吸尘器、笤帚、抹布等。	
文具类	小刀、剪刀、胶带等，这些物品经常会要用到，到时候没有的话真的会很不方便。	
沙发 / 坐垫	先决定购买立式沙发还是坐式沙发。选择立式沙发就需要椅子或茶几；选择坐式沙发的话，最好配上坐垫和小茶几。	
电视机	如果平时不爱看电视节目，没有电视机也无所谓。不要一味地购买大尺寸的，根据房间的大小，选择适当的尺寸即可。	
小物件	核对镜子、台灯、时钟等必不可少的小物件。	

厨房

项目	说明	金额
厨房家电	确认新家里是否配备了必不可少的冰箱和煤气灶。除此之外，根据需要购买微波炉、烤箱、咖啡壶等。	
餐桌	根据剩余的空间和需要的情况进行购买。选择坐式餐桌时，购买低矮一些的。	
烹饪工具和餐具	准备电饭锅、汤锅和碗筷等。根据自己的生活方式，核对需要的物品。	
调料	即使不经常做饭，为了应付特殊情况，也该有基本的调料。尽可能准备好香油、辣椒面、芝麻、盐等"妈妈的调料"。	

浴室

项目	说明	金额
洗衣机	购买最小型的，被子等大件送到干洗店就好了。	
浴室用品	核对浴室拖鞋、马桶刷、毛巾等必备用品。根据需要购买浴帘、收纳用品等。	
沐浴用品	根据自己的喜好重新购买或带走在家用过的。	

干净利落搬入新家

搬家之前

搬家之前，至少要在两三天之前确认前住户几点钟搬走。如果想更加悠闲地、完美地准备搬家，就在入住者搬走之后过几天再搬进去。在此期间可以先去打扫一下房子。之前的住户打扫之后再离开是最好不过了，但是也有很多直接离开的人。行李都搬过来了，如果房子又脏又乱的话，就不好把家具搬进去。家电产品和家具都是重新购买的话，先去打扫干净房子会更好。冰箱和电视机这种日常生活不可或缺的物品最好提前购买搬进新家，有线或宽带也要事先开通。一个人刚开始在陌生的房子里居住的时候，如果没有电视机或上不了网，就会感到更加孤独。

搬家当天

支付余款。为了避免上当受骗，最好不要把余款直接交给房地产中介人。直接打款给房东，然后进行确认比较好。前租户是在房屋到期当天搬走的话，收钥匙之后，确认各种费用是否缴清。在前租户搬走之前使用的电费、燃气费、水费、物业管理费等都要一一确认。最好在前租户搬走之前就检查好。在把行李搬来之前，先把屋子打扫一下。叮咚！搬家车来了。通常搬家公司的职员是3人1组。如果行李不多，不需要进行包装的话，搬家公司派出职员的人数会更少。告诉搬家公司的职员哪些是要搬的东西，最后再次确认一下有没有落下的行李。准确地告诉职员要搬去的房子地址，贵重物品由自己携带，之后奔向新家。

搬完行李之后，把剩下的余款全部支付给搬家公司的职员。关上房门，搬家就结束了。如果行李进行过包装，那屋子不会很乱。如果没有进行过包装，屋子就会因为行李乱得一塌糊涂，那是肯定的。从现在开始一点点整理就可以啦。

#04 管理个人的收支

从现在开始，你要自己管理各种公共事业费了。如果不想像败兵一样被赶出家门的话，就打起精神来吧。

独立和经济观念

很多人都说，独立之后，变化最大的就是经济观念。独立两年的权智英说，之前过着想怎么花钱就怎么花的生活，后来因为需要工作空间，决定独立。在做独立准备的

时候，她开始反省自己一直以来乱花钱的事情。为了日后不再过那种生活，她在独立之后开始记家庭账本。支出的时候，从10元、20元开始一点点节省，不知不觉地，她去咖啡厅和餐厅的次数逐渐减少了。有聚会的时候，就把客人邀请到家里，在家里喝咖啡。以前每个月花5000元左右的社交费用，通过这种方式大大节省了。

"跟朋友见面的时候，把朋友带到家，亲手给她们泡咖啡，还做饭请她们吃。每天在家做饭吃，也省下了一大笔伙食费。朋友们都说我做饭好吃，所以现在还会亲手做饭菜拿给她们。"

独立也让她明白了一个人住与跟父母一起住的时候有很大的差距。选择独立之后，她开始担心电费和燃气费，以前常常开着电视和日光灯睡觉，现在为了节省电费，睡前一定会关灯。这样，即使平时缺乏经济观念，独立的生活也会让你变成另一个人。

记家庭账本是第一步

　　记得我曾经看过一部展现南极企鹅生活面貌的纪录片。我一直都以为，企鹅是因为喜欢寒冷才生活在南极，通过纪录片我才知道，其实它们是为了避开天敌，安全地养育幼崽，从而选择了那恶劣的环境。仅凭自己的体温孵卵的企鹅，为了防止卵受冻，它们会不吃不喝一直孵卵四个月左右。是不是很好奇我怎么突然

说起企鹅了？长达四个月的时间里，不吃不喝，不躺片刻，把卵放在脚背上进行孵化的企鹅们，在小企鹅孵化出来之后，就会毫不留情地把小企鹅送出自己的怀抱。身上只有绒毛的小企鹅们首次感受到南极凛冽的寒风之后，就算想重新回到父母的怀抱，父母也都会冷酷地拒绝，转过身去。明白父母不会再给自己腾出温暖怀抱的小企鹅们发自本能地奔向了大海。看到此情形之后，我明白了一个道理，那就是孩子总有一天要离开父母的怀抱的，无论是动物，还是人类，都是一样的。

像小企鹅一样，站在社会凛冽寒风中的你，现在要向着叫做独立的大海一步步迈进。在走过那孤独又坎坷的道路的过程中，你身上柔软的绒毛会渐渐脱落，渐渐穿上大人的外套。对独立来说，最重要的是经济。就如发起独立运动的先辈们也需要独立资金一样。

为了掌握自己的经济状况，记家庭账本变得尤为重要。自己一个月的收入是多少，存入银行多少，花费多少，要购买哪些物品，这些都要准确地了解。

如果想清楚地知道自己的收入和支出，一定要记家庭账本。如果你有能把每一笔收入和支出都记得一清二楚的特殊能力，那就马上合上这本书，给电视节目《世上竟有这样的事情》打电话。你的这一特殊能力会让世上无数人震惊的。不过，如果你并没有这等神力，还是建个家庭账本，一笔一笔地记录每次的收入和支出吧。

记家庭账本的理由很简单，就是为了了解自己挣得的钱是怎样花费的。知道收入和支出之后，就可以计划今后的消费。当把计划付诸实践的时候，就可以自己控制资金的流动了。

坚持记录家庭账本 3 个月以上，你就可以大体看出收入和支出的轮廓。仅通过记账，你就能够体验到生活上的变化。

世界之大，家庭账本的种类无奇不有

"是的！就这么定了。"

如果决心要记家庭账本，那现在就出去购物，挑选喜欢的家庭账本吧。听到"购物"二字，是不是无精打采的大脑又开始分泌出胺多酚了？

提到家庭账本，就会令人想起女性杂志附录里的画有凤凰刺绣的红色小册子。然而，现在已经是智能手机时代了，能方便我们生活的智能家庭账本到处都是，在其中挑选自己喜欢的就可以。

通过手机应用程序下载使用的手机家庭账本的种类有很多。下载"便捷家庭账本"、"moneta 迷你家庭账本"、"ezday 家庭账本"等家庭账本应用，记账即可。这类账本程序有很多便捷的功能，比如把短信中的信用卡使用记录复制到账本的功能。利用坐地铁或公交等移动交通工具的上下班时间或中午时间，记录支出内容，就不需另外抽出时间记账了。而且，手机家庭账本还会对收入和支出进行统计，并根据项目进行分类，所以能够一目了然地确认自己的支出倾向。

除了手机家庭账本之外，还有利用电脑的网络家庭账本，现在的纸制家庭账本也比以前更加时尚精致，款式也很多，根据自己的生活方式进行挑选就可以了。

女性门户网站 ezday(www.ezeday.co.kr) 企划室的李贤晶科长说："手机家庭账本不受时间和场所的限制，可以随时随地记录支出和收入、转账的内容，在电脑上也能使用，所以很方便。"

别人都是怎样记录家庭账本的呢？别人挣多少花多少呢？这种疑问也可以通过家庭账本应用程序来解决。"moneta 迷你家庭账本"和"ezday 家庭账本"的主页上有留言板，可以发布记账内

©antennashop

容或使用后记、节约技巧。积极利用这项功能，不仅可以对自己的家庭账本进行咨询，还能参考别人的家庭账本，进行反省，从中还能学会节约技巧，开心地在家庭账本继续记录。

记家庭账本的理由是减少不必要的消费。为此，就像国家编制预算草案一样，也要编制个人经济的预算草案。坚持记录三个月左右之后，根据这一资料，编制预算草案，计算储蓄目标金额。编制一个月的预算草案，设定 1 年的储蓄目标金额之后，以 2 年、3 年、4 年、5 年等为单位制订储蓄目标金额。这样，详细地制订预算草案和目标金额，就可以防止过度消费，调节消费。

编制一个月的预算草案

编制一个月的预算草案之后，就尽可能在预算范围内进行消费。少刷信用卡，使用借记卡，就可以预防支出超过一个月收入的现象。即使使用借记卡也不清楚消费了多少，那就直接使用现金。把一个月预算的金额放在信封里，每天把一定的金额放进钱包里，这样一来，消费的时候就可以亲眼确认，花重金的时候就会感到有些负担。使用现金的时候，记得要现金发票，在年末结算的时候使用。

首先计算好一个月一定要支出的费用。然后，利用从收入中扣除这一费用之后剩下的钱，制订维持一个月生活的支出和存款的计划。有的地方物业管理费用中包含税费，有的公寓会收取更多的公共事业费，因此要向房东询问一下。

制订预算之后，对存折进行分类。就是分类成工资存折和生活费存折、信用卡还贷的存折。领到工资之后，马上把信用卡贷款转入信用卡还贷存折里，生活费转入生活费存折，用那些钱过一个月。

一个月生活费清单

项目		有／无	金额
房租	月租		
	物业管理费		
公共事业费	电费		
	水费		
	燃气费		
通信费	有线电视费		
	宽带		
	手机		
伙食费	食品		
	外餐		
交通费	大众交通费		
	加油·停车费		
服饰费	衣服		
	鞋子		
就医费			
生活用品			
文化生活费			
其他			

合理的消费生活

信用卡无疑是消费支出中最伤脑筋的问题。使用信用卡消费时，因为不是当场支付现金，所以感觉不到花了多少钱。而且，同样的东西用现金只买一个，而刷卡的时候就容易买两个甚至更多。究其原因，是因为刷卡结算的时候金额太小会觉得有些尴尬，过度消费和冲动购买也就由此而产生了。

有句话叫"见物生心"。意思是一见到喜欢的物品，便想要拥有它。就像与没有见过的人不会成为朋友一样，对没见过的物品就不会产生想要拥有的心理。见到心仪的物品后，那些以前从未有过的需求，便开始大肆地在我们脑海中浮现，并且会产生"如果拥有那件物品的话，我的生活变得很不同"等一些毫无根据的错觉。

为了让自己的消费合理化，我们常常给自己找各种消费理由。比如"这次的工作太辛苦了，我要奖励自己一件礼物"，或是"虽然会花很多钱，但是以后代代相传长期使用的话，就跟不花钱是一样的"等各种各样的理由。各种理由之下，我们就可以心安理得地刷卡了。

要安慰自己就一定要买东西这种借口其实是完全没有道理的。而且，不管是什么样的名牌或奢侈品，很少会代代相传长期使用。如果购买一件名牌后，供三代人使用的话，那奢侈品公司大概都要破产了。实际上，大多奢侈品企业在每个季节来临时，都会向消费者推荐具有流行元素的新产品，用来吸引消费者。

只靠节制使用信用卡就可以大大减少支出了。这是节约高手们的一致见解，所以接近于真理。使用现金就会有花钱的感觉，所以即使产生多大的购买欲，也会节制支出。同时还能掌握支出多的月份，把重要的支出推迟到下一个月。

购买必需品一定要使其能够真正地发挥作用。如果想知道自己需要哪些物品，首先要好好把家里整理一下。整理和消费有什么关系？把家里整理得井井有条，才能容易知道家里都有哪些物品。如果不想发生买了一件高价T恤，回家却发现衣柜里有同款T恤这样的事的话，就要把家里整理好。

为了合理的消费应遵守的守则

• 不要忽视零碎的支出

购买高价的物品时，我们很容易做出购买价格相对较低的物品的决定，但对于一些追加的物品则不太有抵抗力。比如，购物的时候，

店员们常常会问"还有其他的需要吗",就此诱导你"再次购买"。即使只买一件衣服,店员也会向你推荐可以与衣服搭配的各种饰品;在美发店染发的时候,店员会建议你使用护发素或营养素。绝对不能小看这种追加金额,零碎的支出积攒多了,花费也不小呢!

• 不要被打折所迷惑

看到某家商店挂着"本店门面即将到期,店内所有物品清仓处理"的大横幅,许多人就会产生既然东西都很便宜,那就多买一两件的想法。有趣的是,那家店一年四季都挂着那个大横幅做生意。我想每个人都有过这种经历吧?这就是利用了消费者容易被打折诱惑的心理。明明就不需要,但是觉得成套的更合算,就会买下来,结果没有用完就过期扔掉,从结果上来说这算不上合算,反而是一种资源浪费。

小的就是好的

住年租房或月租房的话,一般一年至少会搬一次家。遇到坏心肠的房东或邻居的话,可能在房子到期之前就搬家了。经常搬家的话,家具难免会损坏。因此,考虑搬家的情况,不要购买过于昂贵和大型、超重的家电产品和家具。即使搬家的时候进行包装,也时常会发生家具或家电损坏的情况。最好买一些即使磕磕碰碰也不觉得可惜的家居用品。

去超市买菜的时候也是一样的道理。一捆10元的菠菜，购买两捆是15元。购买两捆就便宜5块钱，所以只买一捆就会有吃亏的感觉。以赚钱的想法买了两捆回家，但是吃不了的那一捆就会被放在冰箱里，最后因为腐烂扔进垃圾桶。可能不少人都曾有过这样的经历吧？即使有买贵了的感觉，也要少量购买，然后不浪费全都食用完，这才是节省，也是保护地球的好方法。购买大容量的用品，容易因为量多而导致浪费，没有用完就扔掉，希望这样的事情不要再发生了。

MONEY

#05 单身女的理财

因为是一个人，所以更需要学会理财。

具备经济能力，才能享受单身生活。

阻碍单身女理财的天敌

步入社会，开始工作几年，很多人就会不知不觉产生想买车的念头。因为总觉得每天打车，倒不如买一辆汽车更实惠。在这里，我可以断言的是，还是每天打车更便宜。

买车的话，首先加油费用就很贵，还要支付汽车保险和分期付款。况且，停车违章或超速的情况，还要交罚款，会产生不少意想不到的费用。即使遵守交通法规，汽车碰撞等事故也在自己所能控制的范围之外。另外，停车费和维修费也不是小数目。

工作上需要就只能买车了，如果不是那样，请不要草率决定购车，这是阻碍单身女性理财的一大天敌。

购物费用和约会费用也是理财的天敌。节制购物，琢磨不花钱的约会吧!

储蓄和基金

单身生活因为不需要子女养育费，所以能够比较自由地进行消费。为自己进行投资固然很好，不过未来会发生什么事情谁都无法预测到，所以为了防备意外的发生，学会储蓄也是很重要的。时刻铭记"先储蓄，后消费"的原则。

进行基金投资的时候，一定要利用除去生活费之后剩下的金额进行投资。没有什么行为比用贷款进行投资更愚蠢的了。因为，众所周知，基金是没有本金保障的。选择基金定期定额投资比较好。如果近期内有要举办婚礼或留学等需要花大笔钱的事情的话，比起购买基金，选择定期存款或现金管理产品更好。换句话说，基金是即使暴跌，也可以耐心地等到再次上涨的时候进行的投资。另外，基金的分散投资也是很重要的。对国内股票型基金和海外基金等，可以进行分散投资。

养老准备

许多单身女都认为结婚不是必需的，而是可选项。即使有想结婚的想法，未来会发生怎样的变化，谁都不能确定。因此，有必要对退休后的养老做一些准备。

虽然可以选择国民年金，但是年金领取年龄逐渐延迟，的确让人有些不安。因此，可以通过退休年金和年金储蓄保险等做二重、三重准备，准备得越早越好。

退休年金是从55周岁以上开始，可以把退休金当成年金一样使用的制度。很多人在退休的时候会一次性领取退休年金。不要对退休后的生活感到不安，退休年金将会成为很好的后盾。

年金保险大体分为三种，有基本年金保险、年金储蓄保险、变额年金保险。基本年金保险的存款人可受到保护，比较稳定，但是收益率偏低。年金储蓄保险是一定金额长期储蓄的商品，维持期限长，稳定且受益多，但是要提前准备。最后，变额年金保险又称为变额万能保险，投资金额的一部分进行资金投资，所以投资率高的同时，存在相应的风险。在这些年金保险当中，考虑自己的经济状况，选择适合自己的即可。加入年金保险的话，上班族的情况还能享受到税收减免的优惠。

单身女需要入的保险

以单身的情况来说，保险费达到收入的 4% 左右就可以了。一定要避开熟人向你推销保险而迫不得已入保险的情况，只入自己所需要的保险。

保险是加入得越早，缴纳的保险费就越低，保障期限也越长。然而，比起终身保险，婚前还是选择以医疗费保障为主的保险比较好。死亡保险现在是不太需要的，所以婚后加入就好了。

最近，财产保险公司的实际支出保险很受欢迎。它可以承担到 100 岁为止在医院接受治疗时所产生的大部分费用。

可以收回医疗费的实际损失特约险是不会重复支付的，所以医疗实际支出保险只要加入一种即可。相反，诊断费特约险是可以重复支付的，所以即使加入了癌症保险，进行癌症诊断的时候发生的费用也可以得到补偿。

在入保险的时候重要的是要确认哪些部分可以得到补偿，哪

些部分不能得到补偿。例如，与分娩相关的医疗费或药物中毒、精神疾病、整形手术费等是得不到保障的。在网上仔细确认之后，可以直接给保险公司打电话咨询。

不然直接把房子买下来？

年租房不好找，租金也日益高涨。租月租房的话，每个月都要交房租太辛苦了。被没有自己房子的悲痛困扰和因为频繁地搬家感到厌倦的单身女们，干脆申请贷款把房子买下来怎么样？这应该是有一定经济能力的单身女性们至少想过一次的问题。

首先，要办理住宅认购综合存折，这样就能获得购房的资格。即使没有马上要结婚的想法，也最好办理，因为最低缴纳 2 万韩元就可以了。日后不需要的话，解除合约就可以了，那时不仅能够收回本金，还能拿到利息，所以没有理由不办理。人的想法总是会变的，即使现在没有要买房的想法，以后或许也想买房的。有资格总是比没资格好不是吗。

如果是因为投资目的想买房的话，我就不想推荐了。许多专家们认为目前住宅价格过高，能买得起房子的人越来越少，从长期来看，房价会大幅上涨的可能性较低。当然，手头上有钱的话，买房也就无所谓了，但是在资金不足的情况下就不要太贪心了。买房时缴纳的税金也不少，而且搬来搬去，过着自由自在的生活也是只有单身才能享受的特权，所以租房子也是蛮好的。

自我开发也是一种理财

我们常常听说已婚女性根据丈夫的职业、态度或形象等改变自己的例子。单身的时候，职业就是自己的形象。做什么工作，具有哪种能力，这些是最能直接地表现一个人的部分。因此，自我开发也是提高自身价值的一种理财。通过与业务相关的自我开发，可以提高未来的年薪，通过业余爱好，可以成为更潇洒的单身人士。

经常加班、聚餐的话，可能比较难抽出时间来，不过再忙也要抽出时间提高自己。最近，互联网和智能手机都很发达，想学习外语的话，利用上下班时间或中午时间，可以一点点学习。下班之后，可以上研究生院，或者上网络大学。

访谈一

"提高单身经济感觉的投资法则！"

▼ Megamidas 投资顾问 方铁浩代表

独立之后，就会产生从未有过的经济观念。这样一来，不知不觉对理财也会产生兴趣。然而，在去银行或证券公司之前，有些基本原则要掌握。

1. 金融机关的职员不是跟你一伙的

为了成为富人，要倾听金融机关专家的见解。然而，听专家的建议进行投资的时候，要记住几点。这些专家首先考虑的是自己所属的银行或证券公司或投资公司的利益。而且，即使是专家，也会有不能公开的信息，也会下错误的判断。因此，在听完专家的见解之后，至少要咨询三位专家的意见，然后把他们的建议进行综合，再进行判断。综合专家的建议，独自判断并进行投资，即使最终结果是失败的，也能从中吸取有意义的教训，在下次投资的时候，失败的概率也会降低。

2. 最基本的储蓄是最有力的投资

"千里之行始于足下"这句俗语同样适用于经济。为了投资需要有本钱，可以通过每个月定期存入银行一定金额的存款作为本钱，这也是最有效的方法。为了攒够本钱，每个月收入的一半以上要存入银行。

3. 不要在滚烫的时候用手去抓

股市景气的时候，人们的话题自然是股票。房地产景气的时候，人们的话题又会转向房地产。金价连日高涨的时候，人们又会对黄金议论纷纷。听了人们的议论，许多人就会产生投资的想法。不过，出现这种人人都在讨论的状况就表示已经过热了。用手拿滚烫的汤锅会怎样？自然会烫到手。过热的金融商品或投资项目跟滚烫的汤锅是一样的。过热的时候，用手抓一定会烫伤。缺乏经济观念的人通常都耳朵根子软。他们听到有人投资房地产赚了一大笔钱，某某投资股票获利很高的消息，就迫不及待地跟着进行投资。这样就会沦为向已经被富人吃光，只剩下骨头的尸体奔去的鬣狗，结果只会变得更穷。

4. 下一班车还会来

在投资的时候，焦急的心态是误事的重要因素。焦急表示失去了相应的理智。在"这或许是最后一班车"的焦急心态下，很难做出正确的判断，容易进行错误的投资。要时刻铭记的一点是，赚钱的机会有很多。要知道下一班车还会来，把心态放轻松。打着"机不可失失不再来"的口号，督促你投资的那种投资项目是绝对不可投资的。

5. 制订长期计划

享受当下的生活很令人羡慕，不过也不能对未来没有一点的准备，因为人生是很漫长的。在医学日益发达的今天，人们的寿命也变得更长了。如果不从年轻时就做好长远规划，或许要度过数十年贫穷的晚年。制订 10 年、20 年、30 年、40 年等长期计划，进行投资，这才是过上悠闲的晚年生活的方法。

6. 经常关注投资组合

为了成为富人，要对自己的资产和投资组合，就如给花草浇水一样，每天都要精心呵护。自己每个月定期定额投资的基金的收益率怎么样，亲自投资的股票的收益率是多少，投资的公寓房价是否呈上涨趋势等，要经常关注了解状况。因为只有了解自己的资产状态，才能决定今后的投资规模或支出规模。

PART 3 HEALTH

吃好喝好，管理好自己

一个人生活，

一定要善待自己的身体，生活要有规律。

做一个健康、潇洒的单身女吧！

#01 做单身料理的窍门

一个人生活，一般很少会做很多菜。
在这里跟你分享一些简单又健康的料理方法，
希望你的单身生活过得有滋有味。

买菜和择菜

比起在家做饭吃，单身人士在外面吃的时候更多。不过，有的时候也会想在家里做料理吃。这种时候，如果冰箱里有材料，就可以马上做出自己想吃的料理了。一般来说，一周或半个月买一次菜比较合适。把想吃的料理和会做的料理列出来，购买好相应的食材，处理之后放入冷冻室和冷藏室就可以了。

买菜的时候，要尽可能购买处理好的。这样，回家之后直接装到封口袋或密封容器里保存，不仅方便，浪费的部分也会比较少。

周末，抽出一点时间做几种简单的小菜，为一周的生活做基本的准备。网上买菜不仅节省时间，也不用自己辛辛苦苦地拎回家，可谓一举两得。如果你是有汤才能吃饭的人，那就事先煮够吃一个星期的汤之后，分成一次食用的分量，装到塑料盒里，然后放进冷冻室，每次拿一盒，用微波炉加热食用，也很方便。经常使用的葱姜蒜等食材也事先剁好、切好，放进冰箱里，每次做菜的时候拿出来使用。

苹果或小西红柿、香蕉、打糕、米粉、燕麦片等适合当作早餐食用的食材，也要提前购买好。水果削好皮之后，也分成食用一次的分量装进密封容器里保存，就会十分方便。

聪明的买菜守则

1. 菜谱计划：大致想一想这周要做哪些菜来吃。

2. 制订购菜目录：记在纸条上，或者储存在手机里随身携带。这样不仅能够节省时间，还是省钱的好方法。

3. 不要在饿的时候去超市：饿的时候去买菜，就会比平时买得更多，买速食食品的可能性也相对更高。

4. 共同购买：量多或价钱贵的食材，跟一个人住的朋友或邻居共同购买之后平分。

5. 广告传单、优惠券、会员卡：从现在开始不要随意丢掉传单或优惠券，还有要注意办理会员卡进行积分。

利用市面上销售的速食食品

独立初期，大家热情都很高，想亲手做饭吃，不过最后坚持不了多久就放弃的大有人在。为了自己吃一顿饭而买来各种材料，结果因为量太多吃不完变质扔掉，比起花钱买着吃还要花更多的钱和精力。况且做了饭吃完之后还要收拾，不知不觉几个小时就过去了。在时间就是金钱的当今社会，坚持那种生活方式是很有难度的。可若因此将就着吃的话，时间长了身体又会垮下去。为了快速又健康地解决一餐，利用市面上销售的速食食品是最好的方法。

最近，超市里还有专为单身人士设立的食品专柜。在那里容易购买到各种健康的速食食品。每次购买一顿分量的食物食用就可以了，不仅便利，浪费的部分也很少。目前市面上有很多优秀的速食食品，不仅考虑味道和营养，料理好之后装盘时形态也很好看。比如速食干明太鱼汤，自己再添加少量的豆腐或土豆、洋葱，味道会更美味。速食海带汤可以加入金枪鱼罐头后加热，速食牛肉汤放入大葱或黄豆芽、绿豆芽等加热，都很能提升味道呢！

可以叫外卖的食品也有很多。不仅是下饭菜，高级料理也外送的饭店也逐渐增多了。如果去有名的牛杂汤店，可以购买打包成一人份的牛杂汤，分量比堂食一份更多，可以分两三次吃。不好意思一个人去饭店，或因为一个人吃量太多肯定会剩下觉得可惜的时候，那就叫外卖吧。列出手艺不错的饭店清单，公司附近有喜欢的饭店的话，可以下班的时候打包回家放进冷冻室。特别是像牛杂汤和排骨汤等做起来比较麻烦的食物就叫外卖好了，放在冰箱里，等想吃的时候，拿出来煮着吃就可以。也有出售下饭菜或泡菜的韩式套餐店。购买汤或下饭菜放在家里，只要自己做好米饭就可以解决一餐，可以大大减轻亲自下厨的辛苦。

料理后的整理

吃完晚饭之后，一天的疲惫都会涌上来。在公司忙了一天，回家之后还要用不怎么样的手艺做饭的疲劳，还有饭后产生的困意，都快让身体倒在床上了。然而即使这样，也要战胜"要不明天刷碗"的恶魔的诱惑。饭后马上刷碗，第二天才会轻松。

　　如果想让刷碗变得更轻松一些，就要一边做菜，一边收拾了。擅长料理的人不会把厨房弄得很乱。他们只拿出需要的材料使用，做菜的时候，还会一边收拾洗刷使用过的厨具。如果中间不收拾，做完菜之后，厨房大概会变成巨大的垃圾堆，让人想立刻逃走。

在一旁放置垃圾袋，使用过的厨具及时洗掉，让水槽维持清洁，这样做完菜之后，才不会有一大堆东西要洗。做出来的料理只有一盘意大利面，可是要洗的东西却放满了整个水槽，以后可能就不想再下厨了。

还有一个麻烦的事情就是处理食物垃圾。最好的办法就是只买一个人能吃完的量，料理之后全部吃光。即使是这样，每天也会产生少量的食物垃圾。削一个苹果吃也会产生食物垃圾。垃圾每天都会产生，所以每天都处理是理所应当的。如果过着忙碌的职场生活，可能做不到这一点。冬季就没有多大的关系，但是在天气闷热的夏季，食物垃圾只要一天不扔，就会生小虫子，发出异味。如果食物垃圾的量不多，就放进冷冻室里，这样就可以防止腐烂和生小虫子。或者用手挤出食物垃圾的水分之后，再放入微波炉转一下，就可以处理得更干净了。

我不是食物垃圾！

以下是容易被错认为食物垃圾的生活垃圾。

- 肉类：牛、猪、鸡等的毛和骨头
- 鱼和贝类：蛤蜊、螃蟹、龙虾等的外壳，鱼类骨头
- 水果类：西瓜、苹果、核桃、栗子、菠萝等的外皮，桃子等的核
- 蔬菜类：大葱的根，白菜、萝卜、洋葱、大蒜等的外皮
- 其他：鸡蛋等的蛋壳、中药材残渣、一次性袋装茶叶

只要有冰箱，就可以轻松做出料理的食材

放入冷藏室

泡菜

单身女性餐桌上必不可少的食材。炒着吃、炖着吃、煮着吃、生吃，用泡菜可以做出几十种下饭菜。

香脂醋

时尚单身女性的必备食材。只要有一片面包，就可以美美地享受优雅的洲际酒店式早餐。香脂醋酱放入汤锅熬制之后，用它拌沙拉，味道更佳更美味。

梅子汁

梅子汁代替白糖或饴糖使用，不仅有益健康，吃起来味道也很好。梅子汁可以直接购买获得，或者在梅子成熟的季节，购买梅子和白糖等自己腌制的话，不用花很多钱也能制作梅子汁。制作方法很简单，可以尝试一下。

豆腐、鸡蛋、黄豆芽

冰箱里有豆腐、鸡蛋、黄豆芽的话，可以用它们制作各种料理食用。比如说做汤、下饭菜。

橄榄油

橄榄油和香脂醋酱是最完美不过的搭档了。而且，想保持好身材，比起食用油，还是选择橄榄油吧！

柚子茶

如果厌倦了用香脂醋和橄榄油调制的沙拉酱，放入一勺柚子茶，味道会很新鲜。

放入冷冻室

处理好的蔬菜

蒜蓉、葱花、辣椒等做菜的时候
经常使用的蔬菜，事先处理好放
入封口袋里。

切好的肉

用来做汤的肉切好放入封口袋
里，做汤的时候拿出一点使用。

#02 快速、简单的单身菜谱

单身料理要简单、快速、美观!

下面由美食达人崔承珠为大家介绍超简单食谱。

早晨，速度是生命

"生存还是毁灭，这是个问题"，这是哈姆雷特的台词。"睡觉还是吃饭，这是个问题"，这是上班族常说的台词。在争分夺秒的早晨，必不可少的是超简单料理。若想快做、快吃，那就前一天要做好一些准备。

香蕉牛奶

材料：1根香蕉、1杯牛奶

① 香蕉去皮放入榨汁机。
② 倒入牛奶研磨 20 秒左右饮用。

★ 喜欢甜味的朋友可以放入一勺蜂蜜研磨，比白糖好。

鸡肉番茄沙拉

材料：1盒鸡胸肉罐头、1个西红柿、沙拉用蔬菜适量、橄榄油或香脂醋适量

① 鸡胸肉罐头倒入筛子里，去除油分。
② 西红柿切片备用。用作沙拉的蔬菜清洗干净之后，去除水分。
③ 鸡胸肉和西红柿层层叠放之后，浇上橄榄油或香脂醋。
④ 或将西红柿切丁与鸡胸肉搅拌也可以。也可以添加少量的胡椒粉，给味道来一点变化。

★鸡胸肉罐头本身就是咸的，所以不用放盐，或者放一点点的盐就可以了。

南瓜奶油面包片

材料：1个南瓜、1盒奶油奶酪、面包片适量

① 准备一个小南瓜清洗干净之后，切成两半。

② 挖去籽瓤之后，再次切成四大块，放入锅中，倒入少量的水煮熟。

③ 煮熟的南瓜趁热的时候去皮捣烂，放入奶油奶酪搅拌均匀。等完全冷却之后，放入冰箱里保存。

④ 在面包片上涂抹适量的南瓜奶油。搭配牛奶或果汁、咖啡等一起食用味道更佳。

★制作完成的南瓜奶油放入冰箱保存，可以食用一周左右。

水果酸奶面包片

材料：猕猴桃、西红柿、苹果、梨等水果适量，原味酸奶半杯，面包片2片

① 拿出冰箱里的水果，切成大小适当的块状。
② 在水果里倒入原味酸奶搅拌均匀。
③ 均匀地铺到面包片上即可。

★巧妙地利用冰箱里的时令水果。用一种水果制作也可以。

煎打糕

材料：普通的打糕或放入多种材料的营养糕适量

①打糕店一般把一份打糕切好用保鲜膜包裹销售。购买多块放入冷冻室里。
②早晨起床之后，就把冷冻室里的打糕拿出来，然后准备上班。到了出门的时候，打糕已经解冻，变得柔软了。如果这样还不能完全解冻的话，那就前一天晚上提前拿出来。

★打糕要趁热的时候进行冷冻，这样解冻的时候才会变软。打糕变硬以后再冷冻的话，解冻之后也是硬的，这种时候用平底锅煎一下食用即可。

鸡蛋酱油黄油拌饭

材料：1碗米饭、1个鸡蛋、酱油2/3大勺、黄油适量

① 热饭盛到盘子里，放上煎鸡蛋和黄油之后，浇上酱油。
② 趁饭热的时候，搅拌食用。
③ 只把生的蛋黄分离出来，放到米饭上搅拌食用也可以。

★ 不放黄油，放香油代替，味道也很香。

煎蛋卷

材料：2个鸡蛋、牛奶1/3杯、食盐少量或巴马臣芝士粉1小勺、橄榄油1小勺

① 鸡蛋打散之后，倒入牛奶搅拌均匀。放入食盐或巴马臣芝士粉调味。
② 在烧热的平底锅里倒入橄榄油，接着倒入蛋液，蛋液开始凝固时用筷子搅动，之后卷成蛋卷形状定型煎熟。

★把冰箱里的蔬菜——洋葱、豌豆、小葱、西蓝花等切碎放入蛋液，煎成煎蛋卷，味道更佳。

拌嫩豆腐

材料: 1盒嫩豆腐、沙拉用蔬菜适量、酱油1小勺、香油1/2小勺、芝麻盐1/2小勺

① 嫩豆腐容易碎,要小心地倒入碟子里。
② 用来拌沙拉的蔬菜切成适当的大小,放到嫩豆腐上。
③ 浇上酱油和香油、芝麻盐食用。

★跟嫩豆腐一起食用的蔬菜尽可能利用冰箱里的材料,如果没有蔬菜,只吃嫩豆腐也不错。

香松饭

材料：1 碗米饭、香松 3 大勺

①热饭盛到大碗里，撒上香松搅拌均匀食用。
②只要有辣白菜或辣萝卜块等一两种下饭菜就可以了。用海苔包饭吃也很美味。

★香松（海苔芝麻碎）的种类有很多，根据自己的口味挑选后常备在家里，可以简单地解决一餐。

容易制作，且油分较少的晚餐

想要下班回家之后自己做晚饭吃，只有在不会加班的公司工作才有可能。肚子已经饿得咕咕叫了，想亲自下厨可是又觉得时间太晚了，而且还会觉得很麻烦。这种时候，需要的是可以快速制作，也不用担心发胖的菜谱。

菠菜咖喱饭

材料：1 袋蒸煮袋咖喱、1/3 杯水、菠菜 6~7 根、1 碗米饭

① 撕开蒸煮袋咖喱，倒入锅中，接着倒入 1/3 杯水，用小火煮开。
② 菠菜切断放入咖喱中边煮边搅。
③ 在热饭上浇上咖喱。

★虽然是蒸煮袋食品，但是只要添加少量菠菜就能让味道更好，而且还更加营养。搭配烤猪排的话，就可以享受更加丰盛的晚餐了。

煎豆腐

材料：200g 豆腐（约 1/2 块）、洋葱 1/2 块、橄榄油 1 大勺、食盐和胡椒粉少量

① 豆腐用厨房纸吸干水分之后，切成厚片。
② 烧热的平底锅中倒入 1/2 大勺橄榄油，在豆腐上撒上少量的食盐，煎至两面焦黄。
③ 煎豆腐的平底锅里倒入 1/2 大勺橄榄油，放入切丝的洋葱翻炒，最后放入食盐和胡椒粉调味。
④ 在豆腐上放上炒好的洋葱丝。

★豆腐生吃也可以，不过浇上牛排酱或橙子汁等食用味道更佳。

橡子冻泡饭

材料：橡子冻 200g（约 1/2 块）、切丝的辣白菜 1/2 杯、香油 1 小勺、芝麻少量、鳗鱼高汤一杯半、米饭 2/3 碗

① 橡子冻切成 4~5cm 长条。
② 在切成丝的辣白菜里放入香油和芝麻搅拌均匀。
③ 在碗里盛饭之后，放上橡子冻和拌好的辣白菜，接着倒入鳗鱼高汤食用。
④ 辣白菜的咸淡正好，所以不需要再放调料，不过另外调配酱汁拌着食用也很美味。

★如果觉得熬鳗鱼高汤很麻烦，也可以用鳗鱼粉煮汤。把去除内脏和头部的鳗鱼晾干之后，放入粉碎机里研磨成粉，就可以轻松地制作鳗鱼粉。

炒乌冬面

材料：1份乌冬面（150g）、3片白菜叶、洋葱1/4块、大葱少量、橄榄油1大勺、酱油1大勺、蒜蓉1小勺、糖1小勺、香油1/2小勺、食盐和胡椒粉少量

① 在开水中放入乌冬面煮熟，过筛去除水分。
② 白菜叶斜切成较大块，洋葱切成粗丝。大葱斜刀切片或切成末。用小葱代替大葱也可以。
③ 烧热的平底锅中倒入橄榄油，放入蔬菜翻炒一会儿，接着再放入乌冬面翻炒均匀。
④ 放入酱油、蒜蓉、糖、香油调味，最后撒上食盐和胡椒粉即可。

★撒上鲣节食用的话，会有一种更高级的感觉。

越南包菜

材料：越南米皮5张、黄瓜1/2个、柿子椒1个、圆生菜适量、酱汁（鱼酱或鳀鱼酱3大勺、菠萝圈罐头1个、罐头汤2大勺、青阳辣椒2个）

① 黄瓜和柿子椒、圆生菜等准备好的蔬菜切成丝。
② 菠萝和青阳辣椒切成粗丁，与其他的酱汁材料搅拌均匀。
③ 越南米皮在热水中泡一会儿后捞出，包上准备好的材料蘸着酱汁食用。
④ 准备焯熟的牛肉、烤制培根、烤鸡胸肉等一起包着吃也很美味。

★使用冰箱里的蔬菜，就可以非常简单地制作丰盛的越南包菜。没有的材料可以省略掉。

年糕汤

材料：年糕片 1 杯、鳀鱼高汤一杯半、大葱少量、鸡蛋 1 个、酱油 1/2 大勺、蒜蓉 1/2 小勺、胡椒粉少量

① 年糕片在水里泡一会儿再捞出来。
② 鳀鱼高汤煮一会儿之后，放入年糕片煮到飘上来为止。
③ 放入斜切的大葱之后，再加入酱油和蒜蓉、胡椒粉调味。然后倒入打散的蛋液，等到鸡蛋熟了就关火。
④ 最后放上海苔末或芝麻等调料食用，味道更佳。

★如果想吃得更有营养，可以加入鳀鱼高汤、牛肉汤食用。

蘑菇饭

材料: 大米 1 杯、杏鲍菇 1 个、平菇 5~6 片、鳗鱼高汤 1 杯、调料酱 (酱油 3 大勺、葱花 1 大勺、香油 1 小勺、芝麻 1 小勺)

① 大米洗净备用，蘑菇切成大块。
② 在锅里倒入大米，放上蘑菇之后，绕着锅的边缘倒入鳗鱼高汤，开始煮饭。
③ 用上面提到的调料制作调料酱，拌蘑菇饭食用。

★除了蘑菇之外，还可以准备干菜叶或黄豆芽、切细丝的辣白菜等，利用相同的方法，煮出的饭也很美味。煮饭的时候加水的量要比煮白米饭的时候少一些。

猪肉炖辣白菜

材料： 切粗丝的酸辣白菜 1 杯、猪肉 80g、绿豆芽一把、大葱 1/3 根、青阳辣椒 1 个、高汤 1/2 杯、蒜蓉 1/2 小勺、白糖 1/2 小勺、食盐和胡椒粉少量

① 猪肉要准备略带肥肉的，切成适当的厚度备用，绿豆芽洗净沥出水分。
② 在锅里放入辣白菜和猪肉，倒入高汤煮一会儿，然后放入蒜蓉和白糖、食盐、胡椒粉调味。
③ 放入斜切的大葱和切丁的青阳辣椒提味之后，加入绿豆芽，盖上锅盖大火煮开。开锅以后，打开锅盖搅拌均匀之后关火。

★没有绿豆芽的情况，可以用黄豆芽代替。放入黄豆芽煮的猪肉炖辣白菜同样美味。

意大利面

材料：波纹贝壳通心粉（与斜切通心粉很相似，但是比它略大一些）120g、番茄酱1杯、食盐少量

① 在开水中放入食盐，接着放入波纹贝壳通心粉煮到7分钟左右，用漏勺捞出。
② 在锅里放入番茄酱，倒入1/3杯煮面的水煮开。
③ 在煮好的波纹贝壳通心粉中倒入酱汁搅拌均匀之后装盘。
④ 撒上巴马臣芝士粉或香菜粉提味。

★在煮意大利面的时候，要放入适量的食盐。这样意大利面才会入味，才能够做出更美味的意大利面。

提前制作，一个月就能轻松度过的下饭菜

　　家里有几种下饭菜，就不需要再做其他的菜，也可以健康、简单地解决一餐。

腌黄瓜

材料：黄瓜 3 个、洋葱 1 个、水 300ml、食醋 150ml、白糖 50ml、胡椒粒少量

① 黄瓜洗净擦干水分之后切段。
② 洋葱去皮洗净沥干水之后，切成适当的大小。
③ 在锅里倒入水、食醋、白糖、胡椒粒煮开。
④ 在玻璃瓶中放入切好的黄瓜和洋葱，倒入煮开的水。

★除了黄瓜之外，辣椒、萝卜、圆白菜、蘑菇、西蓝花等许多蔬菜也可以用同样的方法腌制。

炒鳀鱼

材料：鳀鱼1把、洋葱1/4块、蜂蜜1大勺、食用油少量

① 平底锅烧热之后，不放油，在干锅中炒鳀鱼。火太大的话鳀鱼会变硬，所以要用中火炒。

② 在鳀鱼中倒入食用油之后，再翻炒一会儿。

③ 洋葱磨碎之后放进去，接着放入蜂蜜或低聚糖，快速翻炒出锅。这时，再放入大量的白糖。翻炒过久的话，鳀鱼会变成像硬饼干一样，一定要注意。

★炒鳀鱼可以补充人体容易缺乏的钙质，从这一点上来说是必不可少的下饭菜。一次制作食用一个星期的量，放在冰箱里保存会很方便。

辣椒酱腌牛蒡

材料：牛蒡 1/2 个、辣椒酱 500g、蜂蜜 1 杯

① 牛蒡去皮切成 5cm 的长段，再竖切成两半之后泡在水里。
② 泡在水中的牛蒡沥干水分，装到玻璃瓶中。
③ 在玻璃瓶中倒入辣椒酱，让牛蒡泡在辣椒酱里面。
④ 在辣椒酱上面倒入蜂蜜，盖上瓶盖放在冰箱里。
⑤ 大概过一个月之后拿出来，辣椒酱和牛蒡搅拌均匀之后，直接食用即可。

★ 用辣椒酱腌制蔬菜的话，可以长时间保存食用。制作方法也非常简单，非常适合料理新手们尝试。

最常吃的方便面，何不吃得更健康一些

不管多么喜欢下厨，选择独立之后，最常吃的应该是方便面了，因为不可能为了自己一个人每天都下厨。只是想简单地充充饥的时候，方便面必然是最方便的食物了。即使是同样的方便面，也有吃得更健康的方法。下面就一起学一学吧！

©indigo mate

放入食醋

为了去除油分，我们常常会把面饼放入开水中焯一下，然后再换水放入调料煮。如果连这个也觉得麻烦，就在煮开的方便面里滴入一两滴食醋，这样就可以大量减少油分。

放入绿豆芽或黄豆芽

绿豆芽是有着很好的解毒作用的蔬菜。在煮方便面的时候放入一把绿豆芽，味道就会更加爽口，也不会觉得很油腻。黄豆芽也可以让汤汁更加爽口，还含有有助于解酒的营养素，因此比起只吃方便面，添加这些材料，补充营养之外，也可以享受一下别样的味道。

比起辣白菜，选择萝卜泡菜

据说萝卜中含有能起到解毒作用的成分。如果是经常吃方便面的朋友，比起辣白菜，不如搭配萝卜泡菜或辣萝卜块一起食用。它们可以缓解面粉中不好的成分。

#03 单身们的厨房工具

好看又好用的厨房工具，
让下厨和用餐都变成快乐的事。
根据自己的喜好挑选，
打造属于自己的厨房吧。

按自己的想法装饰厨房

在这里我想告白的是我是"餐具狂"。虽然结婚离我很遥远，但是我一看到漂亮的餐具就想买下来。哪怕去海外旅行回来的时候，我的行李箱里也装满了那个国家的餐具。为了不弄碎而煞费苦心地带回来，给家人看的时候，妈妈竟然说：

"不要用这种杂货把我的房子弄乱，想买的话以后有了你自己的家之后再买！"

哎，没有自己的家真是可怜。所以我暗自下了决心，想尽早独立。

单身的特权就是可以按自己的想法持家。一直以来对妈妈的持家方法是多么的不满啊。用自己喜欢的餐具装饰厨房，做自己喜欢吃的食物，就像上小学五年级的时候，脱掉妈妈给我买的过时的裤子，穿上最新流行的裤子一样的感觉。

餐具最好选择陶瓷或玻璃材质的。在塑料碗中装热的食物，可能会析出有害物质，所以陶瓷或玻璃碗更加安全。购买碟子的话，准备几个小碟子和大碟子就可以。用一个大碟子盛饭和菜，就会有在吃高级料理的感觉，要刷的碗也变少了。

购买自己喜欢的餐具

妈妈的餐具真的是没有统一的风格。米饭和汤盛在白色陶瓷

碗里，苏子叶盛在花纹碟子上，辣白菜装在玻璃饭菜盒里，鱼类装在陶瓷盘里。一句话说来，就是不重外观而重实利的餐桌。

如果不想将就着吃，而是为了自己精心准备一桌菜，那么购买餐具的时候也要有窍门。首先要定好风格，再根据风格选购不同的餐具。不管是多么漂亮的餐具，如果跟自己所追求的风格不符，都要果断放下。

用得最多的餐具首先是风格简单的。不喜欢把米饭泡在汤里吃，也不喜欢在米饭里放各种菜拌着吃，选择简单的餐具就好了。通常以简洁的白色餐具为主，准备几个亮色餐具。白色餐具一般的卖场都有售，选择价位合适的就可以。

其次是休闲的风格。在彩色中，选择一两种颜色为主色，再选择与其搭配的颜色。粉色、棕色、黄色等颜色搭配得当时，可以营造出活泼的氛围。

最后是禅风格。喜欢古朴的感觉，可以选择东方风格的陶瓷，还可以享受高档的氛围。

我的朋友当中，有一个玻璃餐具爱好者。她用玻璃材质的碗盛饭、盛汤，装下饭菜，最后还要装甜点。因为是透明的碗，所以可以完全感受到食物的色彩，还给人一种清凉的感觉，这就是她所说的玻璃碗的魅力。在外出差或者平时购物的时候，只要发现漂亮的玻璃碗，她必定会买下。亲戚朋友们知道她喜欢玻璃碗之后，送礼物的时候也都送玻璃碗，因此她家里的玻璃碗越来越多了。这样，定好喜爱的风格之后，平时一点一点地购买自己喜欢的餐具是很好的事情。

觉得饭随便装在碗里吃就可以了，这样的单身女性的最佳选择就是餐盘了。餐盘装菜很方便，而且用餐后只刷一个餐盘就可以，还能调节饭量，有助于减肥。

购买材料卫生的厨房用品

厨房用品是用来制作食物的，所以即使价格较贵一些，也要选择卫生的材料。最卫生的材料就是不锈钢了。比起塑料或铝材质产品，不锈钢产品要更好一些。特别是汤锅，一定要选择不锈

❶❷
❸❹

1 白色餐具装食物会有一种干净的氛围，是长期使用也不会厌烦的最基本用品。
2 休闲风格的彩色餐具会让餐桌充满活力。
3 以单色为主的禅风格餐具有一种干净利落、宁静的感觉。
4 一个人用餐的时候，餐盘使用起来就很方便了。把食物的装盘弄得漂亮一些，绝不需要羡慕昂贵的餐具。

钢材质的。只要选择了不易繁衍细菌的材料，即使对打扫房子和刷碗等家务疏忽了，只用热水消毒使用就可以达到卫生要求。

不锈钢材料的勺子和筷子也比木制的更加卫生。木筷子轻，还漂亮，不过长时间浸泡在水里，或者在没有清洗干净的状态下长时间放置的话，很容易腐坏，而且会产生不容忽视的大量细菌。雨季过后，不想看到木筷子和勺子上发霉，就购买不锈钢勺子和筷子吧！

帮助单身们下厨的厨房用品

小型电饭锅

电饭锅做饭方便，还能保温，是单身女性生活必不可少的工具。电饭锅尽量选择最小型的。比大的电饭锅加热时间短，所以可以节省做饭的时间。只煮吃一顿的饭量，就不用保存剩饭了，所以各方面都比较经济。搬

©crony

家之后，得邀请朋友们来做客，所以是不是要购买可以煮 7~8 人份米饭的大一点的电饭锅呢？这种念头赶快扔掉吧。为了偶尔才会有一次的聚会而购买大型电饭锅是一种浪费。

案板和菜刀

案板太小使用起来会不方便，购买 20cm×40cm 左右大小的比较合适。有一把不锈钢的菜刀就可以了。菜刀的价格千差万别，要选择有一定的重量，价格合理的产品。菜刀要经常磨，如果觉得使用磨刀器太麻烦，可以把铝箔纸折叠几次，然后摩擦刀刃部分。

套锅

有一个手柄的不锈钢锅的用途很多。单柄锅在煮汤、炒菜的时候都可以用到。此外，还要买双柄锅和平底锅。

©designever

烹饪工具

锅铲和汤勺也是不可少的工具。它们的价格也不是很贵，所以不想因为只用勺子或筷子做菜把食物弄糟糕而感到头疼的话，那就提前买好吧。

©tthpline

咖啡机

适合背着拜金女的恶名，一天也离不开咖啡的单身女性们。用咖啡机可以优雅地迎接每一天的早晨。如果是咖啡爱好者，可以购买最近很受欢迎的胶囊式咖啡机，亲手冲咖啡感觉会很好。

©melitta

烤箱式面包机

在忙碌的早晨，没有比吐司更好做的食物了。比起普通的烤面包机，烤箱式的面包机不仅能烤面包，还能加热或料理其他的食物。

©gatevision

#04 健康的身体和心灵

没那么多时间去健身房健身也没关系，
把你的房子变成健身房和治疗中心吧。
现在开始，消除疲倦和压力，
管理自己的身材吧！

没有健身器材也可以做的重量训练

上身

Chair Dip

① 把手放在椅子上，支撑身体。两脚向前伸直。

② 身体慢慢向下弯，直到上臂与椅子成平行。

③ 这个动作维持一会儿之后，慢慢地将身体向上推，直到胳膊伸直。

④ 一直反复动作，到胳膊发软为止。

Push-up

① 把两本厚度相同的书放在地板上，两本书的距离为肩宽。

② 把手放在书上，摆好伏地挺身的姿势。

③ 身体慢慢向下，直到前胸碰到书。

④ 再次慢慢地向上，直到胳膊伸直。

⑤ 动作反复多次。

腹部

Plank

① 保持伏地挺身的姿势。

② 双脚打开到肩宽，背部挺直。

③ 尽可能长时间维持这一姿势。调节呼吸。

Leg lowering

① 躺在地板上。

② 双腿伸直，慢慢地向上抬起。

③ 然后慢慢地把腿放下来，最后落在地板上。

④ 不断反复，直到腹部有紧绷感。

下身

Squat
① 双腿打开到肩宽。
② 背部贴在墙上，膝盖稍微弯曲，维持动作 10 秒钟。
③ 膝盖再向下弯曲，继续维持动作 10 秒钟。
④ 尽可能向下蹲到最低的姿势，反复动作。

Lunge
① 在站直的状态下，一只腿向前伸，另一只腿向后伸。
② 脚尖都向前。
③ 在上身挺直的姿势下，弯曲膝盖。
④ 一直向下蹲，直到后腿膝盖快要贴到地板为止。
⑤ 此动作反复多次之后，更换两腿的位置，再次反复动作。

放松身体的伸展运动

颈部

① 用一只手抓住另一侧的耳朵尖。

② 缓慢地拉动头部，使颈部有紧绷感。

③ 换手重复相同的动作。

胳膊

抓着胳膊肘拉向胸口

① 用一只手抓住另一只胳膊的胳膊肘。

② 慢慢地将胳膊拉向胸前。

③ 换手重复相同的动作。

向后拉胳膊肘

① 一只胳膊向头后弯曲。

② 另一只手抓着胳膊肘向内拉，使上臂有紧绷感。

③ 换手重复相同的动作。

腰部

① 腹部贴着地板趴下。

② 双手放在前胸两侧。

③ 慢慢地抬起上身，颈部向后仰。

下身

拉向胸口

① 背部紧贴地板躺下。

② 一只腿弯曲，另一腿伸直，用手拉向头部。

③ 换腿重复相同的动作。

抓着脚腕拉向臀部

① 站直，一只腿向后弯曲。

② 用同一侧的手抓着脚腕，拉向臀部。

③ 换腿重复相同的动作。

缓解疲劳和压力的自我按摩

不去按摩店花钱做按摩，在家里也可以偷偷地变漂亮。每天在家里坚持做按摩的话，可以促进血液循环，还能分解脂肪团，让气色变好，并且有助于维持好身材。

下班之后在家休息或者看电视的时候，就可以自己做按摩，不需要另外抽出时间，也能缓解疲劳变得漂亮。涂抹精油之后再按摩，效果会更显著。做按摩的时候要对容易堆积脂肪的上臂和大腿、腹部以及后背多下些功夫。坚持按摩可以有效分解脂肪和脂肪团。

用手指对脸部进行指压，可起到促进血液循环的作用。耳朵下方和头部也用相同的方法进行刺激。脸部的八字纹或眉间皱纹通过指压的方式按摩，也可以缓解皱纹。

容易疲劳的肩部、小腿，还有脚掌等部位，也可以自己进行轻松简单的按摩。不要躺着发呆，用爱惜自己身体的心情来做按摩吧。

肩部

向左右弯曲胳膊，按压肩部。
按压 5 秒，停止 3 秒，就这样
反复动作。

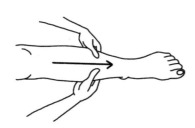

小腿

双手抓着小腿，两手四指用力
按压小腿后侧中部，然后慢慢
地向下移动。

脚掌

用手指按压脚掌心，向脚趾
方向移动。

净化身心的芳香疗法

总会有特别疲惫的日子。辛苦一整天写完的报告书，被退回来了；与男朋友因为鸡毛蒜皮的事情大吵一架，用要分手的暴怒态度挂掉电话……这种日子还是早点回家，用香气治疗身心的疲惫吧。

芳香疗法（aromatherapy）是芳香（aroma）和疗法（therapy）的合成词，指的是利用芳香进行的治疗方法。利用芳香精油可以净化烦躁的身心，让它恢复平静。

在浴缸里接满水后，滴入几滴芳香精油泡一泡身体，烦躁的心会平静下来。如果家里没有浴缸，那就在大盆里接好温水，滴入几滴芳香精油之后，享受足浴也不错。

使用散发怡人香气的香薰蜡烛也是一种方法。最近流行的扬基蜡烛（yankee candle）的天然精油成分不仅能起到薰香的效果，还有净化空气的作用。除了可以像蜡烛一样燃烧的类型之外，还有台灯型的蜡烛灯，可以根据自己的喜好选购使用。薰衣草有缓解失眠和压力的作用，茉莉花有助于缓解抑郁症，迷迭香有助于缓解头痛，薄荷有助于缓解头痛和消化不良，檀香可以安定情绪，桉树具有治疗头痛的功效。每种香气的功效都不同，根据自己的需要进行选择吧。

有益于精神健康的散步

虽然人人都知道散步有益于健康，但是你知道它还有益于精神健康吗？散步是通过双脚感受自己的存在的行为，可以起到治疗身心的效果。在天气晴朗的周末，不要一直宅在家里，到外面兜兜风，这样头脑也会变得清醒。散步的时候要穿舒适的运动鞋。没有缓冲垫的平底鞋不适合在散步的时候穿。裤子要选择可以活动自如的棉质裤子或运动裤，最好不要穿牛仔裤。

散步的时候要保持正确的姿势，这样运动效果才会好。要伸直背和腰，腹部用力。视线看 15° 左右的上方，胳膊自然地摆动。脚踩地的时候，脚后跟先着地，接着是脚心、脚尖。

并不是只有在散步道或公园才能散步。自己居住的小区，也可以成为很好的散步道。散步的时候，可以看到每天上下班的时候没有注意到的风景，还能知道面包店老板原来有一个可爱的孙子，小区里的新图书馆非常幽静和干净之类的事情。

或许，散步是认识世界的渠道，也是慢慢地走向自己的旅行。拿着照相机，拍下散步的途中看到的美丽风景，或者画在小手册上留作纪念，都是很有意思的事。

应对生病情况 #05

人难免会生病，或意外受伤。
生病的时候身边没有人陪伴会感到更加悲惨，
所以要提前做好防备、沉着应对。

准备急救药品

楼下就有药店，有必要在家里备着应急药
品吗？或许你会有这样的疑问。不过，疾病不
会在来到你身边之前事先通知你。突如其来的
疾病不是只存在于三流电视剧中的。我也有过

肚子突然开始剧痛，在床上来回打滚的经历，也因此知道了电视
剧讲的并不是完全虚构的内容。

想一想自己平时容易患上的疾病，再购买相应的药和常备药
放在家里就可以。止痛剂、消毒用酒精、消化药、烫伤药等，按
类别购买放在家里就可以安心了。购买药店销售的急救药箱也可
以，里面会有基本的急救药品。

应对伤口的方法

室内安全事故不知道何时会发生，因此来学习一下基本的急
救方法吧。如果被刀划破流血，马上用流动的水冲洗伤口部位后
进行消毒，为了止血，要绑紧绷带；如果被尖刺刺伤时，洗干净
手后用消毒过的镊子拔出尖刺；如果被玻璃碎片刺伤，不要自己
拔出玻璃，最好去医院就医；如果被烧伤，用凉水冲洗伤口部位
之后，再去医院接受治疗；如果在穿着衣服的情况下被烧伤，就
直接用凉水降温。因为脱衣服的时候，皮肤很可能会同时被剥下来。
在伤口处敷上冰块，很可能会导致皮肤受伤，所以尽量要避免。

一个人独处的时候，食物卡在嗓子里，感到呼吸困难怎么办？

两手交叉按压胸口和肚脐中间位置。然后快速向上推动，一直反复动作到吐出食物为止。

必不可少的常备药

止痛剂

可以缓解疼痛。购买平时服用的即可。

综合感冒药

包括治疗轻微感冒的中成药和治疗流鼻涕、咳嗽、身体酸痛等的综合感冒药，可以根据自身的体质进行购买。

消化药

服用活命水可以解决轻微的积食，积食严重的时候则要服用丸药，这些都是需要购买的。

软膏

对治疗伤口或湿疹、皮炎等效果显著。

膏药

治疗跌打损伤、肌肉酸痛、神经痛、关节炎等。有粘贴用的和气雾剂形态的。

消毒药

第一次操持家务，难免会磕磕碰碰的。切菜的时候不小心切破手，被摔碎的碗划破手等，应对这种情况应该准备消毒用酒精。

创可贴

不小心划破手的话，在进行消毒之后，贴上创可贴伤口才会快速愈合。准备大小不同的创可贴，根据伤口的大小挑选使用。

PART 4 PLEASURE
享受一个人的时光

独立生活最大的好处就是没有人会干涉自己。

做些自己一直想做的事情，尽情享受属于一个人的时光吧！

#01 悠闲自在的一个人的生活

如果有什么事情是之前因为跟家人一起住而没法做的，那么独立之后就可以不受妨碍想做就做，尽情享受自由的时光吧。

尽情享受解放的感觉

很多单身女性都说，独立之后最方便的就是洗完澡之后，不用穿衣服出来。这看起来是一件微不足道的事，但确实没有什么是比这个更自由的了。在身体还未干透之前，穿衣服难免会觉得不舒服，还很麻烦。跟家人一起住的时候，洗完澡之后，就得把衣服穿好再出来，家里有男成员的话，夏天也没法穿得很清凉。然而，一个人住的话，就可以穿着内衣躺在客厅的沙发上看电视。结婚之后可以穿着内衣待着的时候也几乎接近于没有。因此，独立之后，尽情地享受裸露的自由吧！独立生活的一个好处，就是能够悠闲地享受与父母一起居住的时候享受不到的沐浴的快乐。准备多种入浴剂，根据心情使用不同香味的产品，悠闲地享受泡澡的快乐。不管洗多长时间，也不会有人敲浴室的门。不仅如此，还能随便放自己喜欢听的音乐。

李志英喜欢摇滚音乐，她的休息日总是在妈妈的唠叨中开始的。每到周末，志英就想用音乐释放一下一周的压力，但是只要她把音乐声放大声一点，妈妈就会如往常一般地打开房门进来，这让她感到很不满。而且，妈妈放的音乐都是她自己喜欢的。妈妈说 "在家里只能听古典音乐"，因此总是放古典音乐。虽然志英也不是不喜欢古典音乐，但是每天听到的只有古典音乐，这让她难以接受。志英想听自己喜欢的音乐的迫切愿望达到了顶峰。最后选择了独立。

独立之后，志英最下功夫装
饰的地方就是欣赏音乐的空间。
为了更好地享受音乐，她还购
买了 iphone 音箱。虽然也有 CD
播放机，但是最近很多事情都要用
iphone 解决，所以购买 iphone 音箱会方
便很多。

现在，她可以从一大早开始就播放摇滚，尽情地听自己想听
的音乐，音乐声放得多大也不用看谁的脸色。当然，声音也不会

大到影响邻居的程度。她说哪怕只有这一点，也足以弥补所有独立之后不方便的地方了。

举办具有特色的家庭派对

派对是独立的单身人士们才能享受的快乐。不受时间的限制，想在什么时候举办派对，就可以在什么时候举办。如果房子很小，就很难邀请太多的朋友过来了。邀请志趣相投的几个朋友，一起分享美味的食物，欣赏好听的音乐，有说有笑快乐地度过一段美好时光。

在自己的家举办家庭派对之后，你会发现，自己与朋友们的关系会进入到与以前不同的新层面。与之前在咖啡厅见面聊一两个小时的天，看电影、逛街购物的时候不同，在属于你的空间聊几个小时的天，你们的关系会变得更加亲密，彼此之间也会有更深的了解。

有句话说："如果想完全了解一个人，就看那个人生活的空间。"按自己的喜好挑选的物品和按自己的风格装饰的房子，都是自己风格的典型代表。在自己的空间分享美味的食物，说说笑笑，就如跟朋友们分享了一个秘密一样，会形成许多新的共识。

派对中使用的食物不一定要非常丰盛。准备简单的饮料和酒，还有几个下酒菜就可以。家庭派对上绝对不能缺少的部分就是音乐。即使是相同的空间，音乐也可以营造出不同的氛围，

可以把房屋内部变成更具魅力的空间。音乐选好了，派对就能够丰盛几倍。

比起普通的派对，准备稍微特别一点的派对，会让自己和朋友们留下更深刻的印象。如果懂得弹奏乐器，就邀请朋友们一起举办家庭音乐会。还可以举办分享自己业余爱好的家庭展览会，展览画和照片都是不错的选择。折纸或串珠饰品、收藏的可乐瓶等也都可以，就把这当成是跟朋友们分享自己爱好的机会吧。

计划家庭派对

现在，你也可以像电视剧和电影里演的一样，成为派对的主持人了。派对没必要计划得太盛大。只要有简单的食物和啤酒或葡萄酒，还有营造气氛的好音乐就足够了。准备派对的时候，根据客人们的性格偏好，准备派对食物和音乐等就可以了。

邀请谁，邀请几个人？

先根据房子的大小和预算，计划举办的派对类型。例如，如果派对会邀请大家留下来吃晚饭，就要计算一下自己可以做几人份的食物。想邀请的人可能会有很多，这种情况下，把派对的形态改成简单的手拿食物或自助餐形式就可以。并不一定只邀请自己非常熟悉的人，因为派对还是一种社交场所。平时想介绍给朋友的人、感觉会很合得来的人，借此机会都邀请过来。不过，跟人比较难相处的朋友，还是日后再单独邀请比较好。

举办派对之前，进行超简单打扫

客人马上就要来了，但是房子里到处都是灰尘怎么办？就把灰尘打扫到在客人当中身高最高的人能看到的高度就好。如果连洗抹布的时间都没有，就用湿巾擦拭。各种杂物全都装进洗衣筐或收纳盒里之后，藏进衣柜里。

最要费心的部分就是卫生间。因为卫生间会决定房子的形象。把马桶内部刷洗干净，垃圾桶也倒空。厨房里有还没清洗的餐具，但是已经没有时间清洗了的话，就先放到水槽里。

不过如果打扫得像样品房一样过于干净，客人们也会感到有负担。最重要的是适当地保持清洁，营造可以舒适享受的氛围。

准备简单的食物

不想亲自下厨的时候，叫外卖或购买烹饪好的食物也可以。这样会看起来没有诚意？那就把食物漂亮地装盘，或者搭配自己做的食物，就完全看不出来了。例如，买来 Nacho（墨西哥烤干酪辣味玉米片），再搭配自制的酱汁。客人多的话，最好做成像自助餐一样让客人们自己盛着吃。在大桶里装上冰块，让客人们自己在饮料和啤酒里添加饮用。

如果举办的派对需要围坐在餐桌前享用食物的话，那就要提前一天摆好桌子，避免当天忙得晕头转向。

派对后的整理

派对举办到一定阶段，垃圾和使用过的餐盘也会增加。尽管

这样，如果在派对途中收拾，客人们会感到有些不自在。但是放着不收拾的话，看着又不美观，还很占地方。如果来的都是很熟的朋友，可以稍微做一些简单的整理。如果客人不是那么熟悉，就把垃圾箱放到容易看到的地方，引导大家自觉整理。

收拾空盘子是可以的，但是如果在派对中洗碗，就有可能破坏派对的氛围了，所以先把收拾的事情抛在脑后，尽情地享受派对吧。剩下的食物太多的话，可能会不知道该怎么处理，可以事先购买包装盒，在客人们离去的时候打包给他们。这样既可以当成礼物，又能解决剩下的食物，可谓是一举两得。

跟男朋友在家里约会

有男朋友的话，把他邀请到家里来是理所当然的事情。一起去买菜，在家里做饭吃，一边聊天，可以享受到与平时坐在咖啡厅里约会时全然不同的氛围，还能节省约会费用。

然而，邀请男朋友的时候，也要有一定的原则。举一个例子，李星海有了男朋友之后，两人在她家过着几乎跟同居没有什么区别的日子。她的男朋友原本也是一个人住的，所以自然而然两人就住在了一起，然而在她与男朋友分手之后问题就出现了。男朋友收拾行李离开之后，有一段时间她的情绪低落，不仅如此，因为一回到家就想起以前跟男朋友在一起时的记忆，所以她变得不想回家。李星海勉强住到了一年的租期结束，然后搬了家。

独立生活能让你获得自由，同时你也要承担相应的责任。享受自由也要在自己能够承担的范围内，还要控制自己的生活不能太偏离正常的轨道，这样独立生活产生的副作用才会少。

饲养宠物

如果你是容易感到孤单的人，即使享受一个人的时光，也会感到孤单和无聊。但也不能天天都叫朋友们过来开派对。饲养宠物可以减少一个人独处的孤单感。特别是因为妈妈的反对，一直以来没能饲养小狗小猫的单身人士们，现在可以把它们请到家里来了。

小狗和小猫是最具代表性的宠物。除此之外，还有金鱼或乌龟、小鸟、蜘蛛等多种宠物，不过小猫和小狗是可以进行情感交流的最好选择。

在饲养宠物之前，先要确认几个事项。对待所有的生命都要承担责任。先要确认自己是不是能负责宠物到底的人，条件是否允许。如果没有责任感，随便领养宠物，中间送人，会给宠物造成伤害。在选择宠物的时候，要综合自己的性格偏好和业余时间等多种因素，再做决定。小狗和小猫跟自己要照顾的弟弟妹妹是一样的，需要在它们身上投入许多精力和时间金钱。不仅每天要按时喂食，还要带它们出去散步，去宠物医院和宠物美容院。饲养小狗小猫，一个月基本要花 300 万 ~ 600 万韩元的费用。

如果觉得养小狗或小猫有点累，就选择热带鱼或乌龟、刺猬、鸟等饲养起来比较轻松的宠物吧。虽然它们饲养起来比小狗、小猫容易一些，少了些情感交流，但它们也是生命体，这一点会让你感到踏实。

最近，有很多人开始饲养特别的宠物。我有一个养鸡的朋友，虽然鸡与宠物有一点距离，但是实际上饲养之后就会发现，鸡也是可以进行情感交流的。她加入养鸡的爱好者们聚集的论坛，跟他们分享孵化鸡蛋、让鸡毛富有光泽的方法等多种信息。

访谈一

"房子是创作和休息的空间"

▼ 地下歌手黄宝玲

或许是因为小时候在美国长大的关系，独立对我而言是很理所当然的事情。独立意味着不再依赖他人。我认为成为大学生之后，就要选择独立。

独立之后，以前每天吃现成的饭菜也要亲自解决，不知不觉对父母产生了感激之情。我建议成年人在结婚之前，自己一个人生活一阵子。

我在找房子的时候，为了在家里画大画，选了一个面积比较大的房子。大画要在远处边看边画，所以需要比较大的空间。因此我没有选择由卧室和客厅构成的一般结构的房子，而是选择了商品房。因为是一居室的结构，视野比较开阔，适合画大画。

另外我还能自由地做音乐工作，这一点也令我很满意。到了晚上，也可以弹吉他或唱歌。第四张专辑的录音就是在家里完成的。空间是用桌子和沙发、钢琴等来分割的。我按照自己的方式划分卧室和工作室使用。

到了中秋或春节等节日的时候，我常跟那些没有地方可去的单身朋友们聚在一起开派对。跟朋友们一起做东西吃，一边唱歌一边度过节日。

　　还有，前不久我饲养了一只小猫。它每天都会不断地逗我笑，一回家就会到门前迎接我，非常讨人喜欢。据说，小猫是会选择主人的。被我的小猫选中的感觉令我很开心。

#02 尽情地做自己喜欢的事情

随着一个人独处的时间增多，可以供自己支配的时间也增多了。关注一下自己平时想做的事情吧。

制作菜谱书

随着在家做饭吃的次数逐渐增加，你会开始拥有一两种拿手菜。刚开始的时候，会觉得自己居然能亲手做菜了，简直是一件神奇的事情，但是掌握了一定程度的做菜技巧之后，你就会进入到喜欢做菜的阶段。

看着菜谱书，跟着每一个步骤做，等到熟悉之后，就会有属于自己的菜谱。能够找出可以更快速制作的方法，利用新的材料制作出崭新的料理。这种感觉，过着只吃妈妈做好的料理的生活的人，是绝对无法体会到的，发现自己在厨艺方面的天赋更是件很有意义的事。

为了再提高一个台阶，每当亲手完成一种料理的时候，可以

用相机拍下来，上传到微博或博客上。这样不仅能够听到朋友们
的称赞，还能当成自己的菜谱书使用。

因为厨艺不佳，每次都制作出"怪食"？制作失败的料理照
片也可以制作成用来回忆的菜谱书，告诉大家"这么做就会失败"，
对料理新手们而言是非常有用的信息。

养植物

开始养植物，你就会发现自己并不是孤苦伶仃的一个人。看
着推开坚硬的土壤探出头的嫩芽，你能感受到世上的生命是多么
的伟大，可以领悟到自己以后要怎样生活之类的很多东西。精心
呵护脆弱的生命，还能丰富自己的生活情趣。

不给植物浇水，植物的根部就会枯死；浇水过多，植物的根
部就会腐烂；浇水适当，植物才能健康生长。在养植物的过程中，
还会领悟到它的生长与和人维持关系有相通的规律。

利用阳台的空间种菜的好处是可以吃到绿色蔬菜。通过这种
方式，可以稍微模仿一下在美国佛蒙特州的乡下，亲自种植自己
吃的食物，过着朴素生活的自然主义哲学家海伦·聂尔宁与斯科
特·聂尔宁夫妇的生活。

每一种植物的个性都很强，有的植物喜欢水和阳光，有的植
物就不喜欢水和阳光。因此，根据自己的喜好和条件，选择适当
的植物吧。判断自己是能够经常呵护花草的性格，还是放置不管

1 翡翠景天　2 虎纹鹰爪　3 瓦松　4 金钱树　5 绿萝　6 白薇

的性格，然后再决定要饲养的植物类型。因为职场生活和聚会等过着忙碌生活的单身人士们，适合选择不需要经常浇水的植物。像绿萝一样干脆在水中饲养的植物就很好，只要给它换水就能够健康生长。虎尾兰和仙人掌类也是只要偶尔浇一次水就可以。除此之外，金钱树、多肉植物、水生植物等也是单身人士们可以轻松养好的植物。

植物不可缺少的是水和阳光以及风。经常通风换气，植物才会健康生长。特别是大多数植物不可缺少的阳光，所以每周至少要把植物放到阳台一次，让它吸收一下阳光。要给它们提供营养，使用植物用营养剂或换盆补充新土，植物才会更加茁壮生长。

探访美食店

品尝美食是人生的一大快乐之一。不要因为是一个人生活而放弃寻找各地美食店的快乐。与其只品尝美食，不如养成在笔记本上进行记录的习惯，也许，这会成为你的一种资产呢。制作适合一个人去的美食店清单，给美食店进行评价也是很有趣的。持有这种美食店清单，在社交的时候也会起到帮助。不仅会在朋友们当中成为人气王，因为工作上的事情要与客户用餐的时候，到你之前探访过的手艺不错的美食店进餐，还能给客户留下好的印象，你们之间的话题也会变得丰富。

我的一个朋友喜欢光顾各地手艺很好的面店。她制作了首尔市内好吃的面店清单，有空的时候就一个人搭乘公交车或地铁去吃面条。她说因为自己喜欢吃面条，所以遇到手艺好的面条店就会非常开心和幸福。还说在自己的评价笔记本上进行评分也是一件很快乐的事情。

制订"一个月探访一次美食店"的计划是很有趣的事。走的时候，别忘了拿着你手绘的各小区地图。

享受手工艺

尝试一下能够感受到亲手制作某物的快乐的手工艺吧！维诺娜·赖德出演过一部名为《恋爱编织梦》的电影。电影中，女性们聚在一起，一边聊天，一边制作拼布被子。女性们聚在一起完成漂亮的拼布被子的情节，令人十分感动。这部电影中有这样一句富有哲理的台词：

"把生活视为一个图案。幸福和痛苦与其他琐碎的事情掺杂在一起，构成精巧的图案，挫折也成为构成图案的材料。因此，到了最后时刻，我们为那个图案的完成而开心。"

我们每一天的生活就是完成人生这块拼布的小碎片。幸福和

痛苦，没有哪一个是不必要的，都要珍惜和接受。这种领悟通过
手工艺可以学到。

　　做针织是很棒的事情。针织的方法也多种多样，有棒针针织、
钩针针织等，感到厌烦了，也可以尝试一下新的针织方法。除此
之外，还有刺绣、手工缝制等手工艺，根据自己的喜好选择即可。
手工艺是需要用手的精细活，也有助于大脑活动。而且，选择各
种颜色使用，有助于提高色感。不仅如此，还有助于精神健康。
通过重复做相同的动作，消除杂念，能获得冥想一样的效果。

访谈一

"以独立为契机，爱好变成了职业"

▼ 制作韩服的缝纫专家金绍润

我大学攻读的是西方服饰专业，毕业后进入一家服装公司工作，并选择了独立。独立之后我找到了自己真正想做的事情，就此辞掉工作，现在过着崭新的生活。

10 年前妈妈去世之后，我离开爸爸选择独立，人生也迎来了新的局面。我上大学的时候主修西方服饰专业，但是却渐渐为我国（韩国）传统闺房工艺的魅力所折服。因为我喜欢缝纫，所以一直以来都在很努力地尝试制作，不过没有勇气把缝纫当成是职业。然而独立的生活给予了我这份勇气。

独立之后，我的责任感变重了。那种感觉很棒，不仅感觉找到了全新的自我，还觉得自己正一步步向自己向往的方向前进。独立之前，我的性格十分随心所欲，但是独立之后我变得更加慎重了。虽然慢了点，但我认为我正在朝着自己想要的方向前进。

每次遇到上大学的外甥们时，我都会建议他们选择独立。跟父母一起生活的时候，即使有自己的房间，家人们也会随时进进出出，所以严格说来，等于是没有属于自己的空间。

我向往的是慢节奏、尽情地享受自然的生活方式。我不喜欢快节奏的生活和过于新潮的东西，所以想离开繁华的城市，到乡下生活。于是我制订了移居到乡下的计划，目前正为了实践这个计划而做准备。到乡下之后，我想亲手耕种蔬菜，还想在缝纫中融入自然的气息。

　　最近我对用自己的能力回报社会的事情产生了兴趣，于是组建了缝纫团队，两周一次给周围的人们无偿传授缝纫技巧。自从知道缝纫对患有产后抑郁症的产妇有很大治疗效果后，我就更加积极地展开缝纫课。用自己的手制造出东西，对提高自尊能够起到积极的作用。我也亲眼见过在制作周岁韩服或孩子的被子的过程中，产妇的抑郁症得到治疗的事例。

　　从资源再利用和环保的角度，我还积极策划了跳蚤市场，与周边的人们一起分享。因为我觉得把不使用的物品出售所得捐出去是一件很有意义的事情。我小时候不喜欢参与各种活动，现在上了年纪之后，觉得自己能参与一些事情是很幸福的事。有一次，我把不戴的耳环、小了穿不下的衣服什么的拿到跳蚤市场去卖，身边的朋友们都很喜欢，而且参与到了其中。后来我把收入捐到了"美丽的商店"。我计划今后也经常策划这种跳蚤市场。

　　过上不依赖别人的生活之后，就会发现活在父母的保护下时，自己没有机会发现的多种才能。

#03 省察自己的时间

独立献给我们的最大祝福就是发现真正的自己。通过自己解决所有的事情，获得省察自己的机会。

通过日记探究自己

忙碌的日常生活常常会让我们忘记自己过着怎样的人生。然而，充实的每一天将会成为 10 年之后自己想要的生活的根基。在日记或手册上记录自己的每一天，就能够具体地了解自己是怎样的人，向往怎样的人生。

记事本的功能变得越来越丰富了。Franklin Planner 记事本以有效地管理日程计划而闻名；Winkia Planner 记事本不仅具有基本的工作时间表，还能制订长期的人生计划，也都很受欢迎。打开封面，记事本里面有各种各样的提问。你认为最重要的价值是什么？去年最疏忽的部分是什么？最幸福的瞬间是什么时候？

在回答记事本中各种提问的过程中，你会了解现在的自己。同时，你还能发现自己到底想要怎样的人生，并且明白今天要为了那样的人生做些什么。

如果觉得用智能手机记录更加方便，下载日程管理应用程序也可以。在电脑或智能手机里写日记，总结一天并制订今后的计划也很好。

只要每天认真地记录，就会逐渐完成自己人生的大地图，并且能够找出去往那条路的方法。通过记录，我们能够选定自己要去往的方向，并决定为了成就梦想要做哪些事。从这一点上可以看出，记录是一件十分有意义的事情。

打造属于自己的冥想空间

　　有一句格言说："如果不能照你想的去生活，那就照你的生活去想。"这是在告诉我们想法和实践的重要性。抱着这样的想法生活对决定人生方向有十分重要的意义。在开始新的一天和一天结束的时候，做一些冥想，可以获得精神上的成熟和心灵的平和。在与家人一起生活的时候，很难拥有属于自己的空间，但是独立之后，所有的空间都属于自己一个人。准备一个用来冥想的空间，有助于缓解压力。

　　悦话堂出版社位于京畿道坡州出版城，出版社里有李起雄代表用来做冥想的小空间。他在位于出版社一角的小空间里陈列了祖先们的黑白照片和韩国伟人们的照片。冥想空间的内部结构貌似洞窟，进入那个空间之后，就会有一种重新回到母亲子宫内的感觉。

像这样，在房间里制作一个属于自己的冥想空间怎么样？只要有软软的坐垫和蜡烛，就可以营造出冥想空间的氛围来。就把它作为结束一天的空间，或者受到伤害时的疗伤之地吧！

享受茶道

品赏茶的行为从古以来就被称为"茶道"，先人们认为通过茶可以悟道，因此茶道被视为是一种用来修身的方法。我们也在自己家里享受一下茶道的乐趣吧！

在客厅或房间的一角放置茶桌和茶具，购买自己喜欢的茶叶放在那里，随时都可以饮茶的空间就完成了。

茶叶的种类繁多，味道也多种多样，因此要找出适合自

己的茶叶可能会花一点时间。然而，投入的时间和努力越多，满意度也会越高，所以不要着急，慢慢地学习茶文化。

绿茶中富含多种有益身体的成分，它是好茶的代名词。然而，绿茶属于凉性，所以对血液循环不好，低血压的人不要喝绿茶。适合这类人群饮用的是发酵茶。发酵茶是绿茶发酵制作的茶叶，与绿茶不同，属于温性。

可以试一下亲手制茶。生姜茶是有益健康的好茶，适合常备在家中饮用。生姜性温，尤其对女性特别好。生姜切薄片和蜂蜜一起腌制，或者切碎用蜂蜜煮，然后存放在冰箱里，想喝的时候拿出来饮用即可。经常饮用生姜茶，患感冒或各种季节性疾病的概率就会变低。

挖掘自己潜藏着的艺术性

韩国历史中，最具代表性的贤内助女王无疑是申师任堂。因为把子女培养成人才的功劳，她的肖像被印在了最高面额的韩币上。她的儿子李珥也是韩币肖像人物。

申师任堂被称作是优秀的人物，当然也有把子女养育成人才的原因，不过最主要是因为她本身就是有卓越绘画实力的艺术家。在申师任堂拥有的各种技艺当中，最重要的是艺术才能。她在照顾丈夫和子女的同时，燃烧自身的创作热情来绘画。从申师任堂的画作中，可以感受到她端庄文雅的品性。

　　每个人天生都有创造力。然而，在成长的过程中，受到周围的视线、忙碌的日常生活以及内心的畏惧等影响，创造力会被压抑、封闭起来。这是朱莉娅·卡梅伦在其著作《艺术家之路》(*The Artist's Way*)中阐述的道理。

　　在桌子或床头等触手可及的地方放置一本素描簿，有空的时候随意画一画。画关于独立生活的断想也可以，画每天都变化的窗外的云朵也可以，就像在重新开始做小学美术老师留给的绘画作业似的，不仅有趣，也是让身体和大脑同时活动的方法，能很好地省察自己，培养自己的艺术灵感。

　　即使没有学过画画，也不用担心。每个人都有自己独特的画风。并不是只有画得跟照片一模一样的画才是好画，把自己的感受真实地画出来的画就是好画。

　　在忙碌的职场生活中，丙烯颜料是利用闲暇的时间画画的好材料。油画颜料干得很慢，丙烯颜料涂色之后马上就会干，所以很方便。

旅行

　　单身最大的自由就是只要有想法就能够随时踏上旅途。跟那些说"要问一下我妈"的朋友，还有说"先找到托管孩子的地方再说"的已婚朋友不同，单身的话，就不需得到谁的同意，想去旅行的时候就可以去。节日的时候，单身人士也比已婚者可以更

加自由地享受一个人的旅行。

　　不只是夏季可以度假，冬季去度假旅行也是不错的选择。长时间飞行有些疲惫，所以一般可以去东南亚的高档度假酒店，享受游泳或按摩。这种高档旅游套餐很受欢迎，特别是到了圣诞节期间，至少要提前一两个月进行预订。

　　跟父母一起住的时候，一个人去旅行总感觉有些不好意思。节日的时候就会有一种全家人都要聚在一起的压迫感。结婚之后，就更难有一个人去旅行的机会了。因此，选择独立的单身人士们，尽情地享受一下跟父母一起住和结婚之后都很难享受到的旅行的自由吧！

旅行如同心灵的修行，它能净化疲惫的灵魂。旅行中我们会遇到各种各样的人，看到各种生活面貌，有了这样的经历之后，会从中得到一些感悟，明白生活在世界各地的人与自己有多大的区别。因此，旅行可以说是一种洗涤仪式，能净化疲惫的灵魂，让我们用崭新的心态去开始新的生活。当以净化、轻松的心态回到日常后，我们就可以更加自信地迎接每一天。

与孤独做朋友

一个人生活意味着要与孤独做朋友。如果自己不开口说话，就不会有人说话。因此，很多单身人士为了打破寂静，一进到家里就会习惯性地打开电视机。即使不看，听听别人说话也好。我的一个单身朋友说，自己独立之后，打电话的时间越来越长了，给朋友打电话之后，就不想挂掉，所以总是加快说话的速度。

还有一个朋友购买了孵化机，有了孵化小鸡的爱好。据她的观察，小鸡破壳而出的时候，鸡喙上有像锯齿一样的东西，就像锯木头一样把壳击破再出来。她曾目睹过小鸡在破壳而出的时候那个锯齿从鸡喙上脱落的情形。弱小的小鸡为了开始自己的生活，在鸡喙装上锯齿，打破蛋壳，迎战自己的生活。

一个人的时间好比是小鸡破壳而出的时间。人生很短暂，没有时间关心别人的生活。独立的空间就是一个大蛋壳。在蛋壳内，决定自己以怎样的方式再次重生的时间就是独立的时间。电视机

里面的电视剧或娱乐节目，还有电话另一头的朋友，他们不会帮你完成你的人生。你是你要自己独立塑造完成的雕塑。试着学会把孤独当成动力，不断地锻炼自己。

制订遗愿清单

遗愿清单（bucket list）是记录在死之前想做的事情的目录。它源于"死掉"的俚语"kick the bucket"，2007年杰克·尼科尔森和摩根·弗里曼出演过《Bucket List》同名电影。用文字记下自己想做、想实现的大事情，它们会发挥意想不到的魔力。它会让我们为了实现清单上的事情，开始去思考具体要做哪些准备，并为之制订相应的计划。

我的遗愿清单中有"在爱情游船上跳探戈舞"。为了购买搭乘爱情游船的船票，我一点点地进行储蓄，为了在游船上跳探戈舞，还特意学了探戈舞。虽然我的跳舞水平达不到专业人士的水平，但是我已经学会了探戈舞的基本舞步。所以在搭乘爱情游船，参加晚上举办的派对时，如果有浪漫的绅士向我伸出手的话，我不用落荒而逃，可以轻轻地把手搭在他的手上了。

我的遗愿清单中还有"举办个人画展"的一项。虽然没有专门学过画画，但还是想举办个人画展，这样的梦想可能会有些太不着边际，然而这个梦想却在制订遗愿清单之后不到10年的时间内就实现了。尊敬的画家徐永善老师鼓励我说："重要的不是学没学过，而是拿着铅笔画。"我说因为上班没有时间画画，老师建议我"在梳妆台上贴一张画纸，早晨上班之前，画一条线，下班之后，睡觉之前，再画一条线"。老师的意思是，最重要的是想要做的意志。他还告诉我，主修美术的专业画家们为了维持生计，也很少有时间画画。

制订遗愿清单只是一个开始。写完之后，就会思考，思考就会慢慢地转向行动。这样一来，生活的方向最后还是会朝着自己所希望的方向移动。

访谈一

"独立是发现自身"

▼时装杂志编辑罗贞媛

我有一个在二十出头的时候制订的遗愿清单，其中有一项是"过独立的生活"。因为在大家庭中长大的关系，我特别想拥有一个属于自己的空间。在到 29 岁的那一年，翻开遗愿清单一看，发现想做的事情都做到了，唯独没做的是独立。于是我决定通过独立战胜 29 岁这道坎。在此之前我刚去语言研修回来，手头上的钱只有 500 万韩元（约合 2.7 万人民币）。我向银行贷款 3000 万韩元，签了人生中第一个独立空间——商住两用房。

独立的感觉真的是太好了。我每周会去一次大型超市购物，每次去的时候都会买一瓶进口啤酒放到冰箱里。我还装饰了自己一直以来想要的厨房。独立之后最好的事情是有了属于自己的厨房和卫生间。购买自己喜欢的烹饪工具，在卫生间洗完澡之后，可以光着身子在屋子里自由走动，比想象的还要好。有时可以邀请朋友们到家里，听着好听的音乐，一起做美味的食物吃，尽情地享受独立生活。

成为了要负责一个家的家长之后，我感觉自己也变得心智成熟了。当然我也有感到孤独的时候，还会因为没有吃的东西而饿肚子，不过好像就是在经历这些事情的过程中，我渐渐变成了大人。独立之后，不知不觉也有了男朋友。因为组装家具或马桶出故障、灯泡坏了的时候，需要男人的帮助。

独立是发现。独立之后，我开始发现自己身上崭新的一面，就像探访月亮的背面一样。之前我很不理解看体育节目的男人，现在一个人的时候我也会常常收看棒球和足球比赛。有比赛的日子，我会煮好面，然后一边喝着罐装啤酒，一边呐喊助威。喜欢上体育比赛节目，喜欢上啤酒，这些都是独立给予我的礼物。

独立之后，我也第一次知道了自己很喜欢买清洁工具和烹饪工具这件事。去超市，看到洗涤剂就没办法直接走过去。我还喜欢上了洗东西。每周洗一次被子，盖软软的新被子的感觉非常好。而且我还产生了一有压力就洗白色衣物来解压的习惯。

我觉得在结婚之前，每个人都要尝试一下独立。我想，结婚之后，这段独立生活的日子将会成为我非常宝贵的回忆。

尾声
独立之后袭来的孤独感

　　随着独立的时间变得越来越长，去妈妈家就会渐渐地感到别扭和不自在。如果开始感觉妈妈的家就像是朋友的家，那么就可以认为独立已经成功地实现了"软着陆"。去百货商店购买漂亮、便利的烹饪工具的时候，如果顺便还给妈妈买的话，就表示完全独立了。

　　独立可不是去游乐场，而是经营生活的事情，更接近于做好盒饭去图书馆。吃完盒饭之后，要继续埋头苦读，喝咖啡提神之后，即使只剩下自己一个人，也要孤独地坐着学习。

　　我的周围有不少开始独立生活之后，因为感到孤独而选择结婚的朋友。她们纷纷都说："刚开始的时候，还觉得与朋友们开派对之类的事情很有趣，不过那也维持不了多长时间。总不能每天开派对吧。从某一刻开始，感觉自己一个人很孤独，所以就自然而然地结婚了。"

　　过着独立生活的一个朋友说，每当感到孤独的时候，自己尝试过各种方法解决，最后的结论就是早点回家是最好的方法。

孤独的时候，回家喝一罐啤酒早点睡觉的话，第二天孤独就会烟消云散。

　　她说："感到孤独的时候，跟朋友们见过面，也喝过酒，不过这样只会闯祸。到头来后悔莫及，自责不已。反而如果在家里喝一罐啤酒早点睡觉，孤独就会消失。孤独经常会找上门来，所以要冷静应对。只要记住孤独很快就会退去，就能够起到很大的帮助。"

　　孤独好比是浪涛，随风涌来也随风退。像浪涛一样涌来的孤独不会永远停留在你身边，有潮起就会有潮落。孤独不会只停留在你的房间里。

　　当孤独袭来时，只要短暂地避一避就可以。想要抵抗汹涌的浪涛，可能会壮烈地溺死。孤独袭来时，就把孤独当成朋友，保持淡定，继续你的独立生活。

桂图登字：20-2013-049

图书在版编目(CIP)数据

一个人住的好时光：给单身女性的独立生活指南 / (韩) 金孝洹著；千太阳译. - 桂林：漓江出版社，2013.9

ISBN 978-7-5407-6736-5

Ⅰ.①一⋯ Ⅱ.①金⋯ ②千⋯ Ⅲ.①女性 - 家庭生活 - 指南 Ⅳ.①TS976.3-62

中国版本图书馆CIP数据核字(2013)第225273号

一个人住的好时光：给单身女性的独立生活指南

作　　者：[韩] 金孝洹

译　　者：千太阳

编辑统筹：符红霞

责任编辑：董　卉　王欣宇

版权联络：董　卉

装帧设计：黄　菲

责任监印：唐慧群

出 版 人：郑纳新

出版发行：漓江出版社

社　　址：广西桂林市南环路22号

邮　　编：541002

发行电话：0773-2583322　　010-85891026

传　　真：0773-2582200　　010-85892186

邮购热线：0773-2583322

电子信箱：ljcbs@163.com　　http://www.Lijiangbook.com

印　　制：北京盛通印刷股份有限公司

开　　本：965 × 1270　　1/32　　印　　张：7.5　　字　　数：100千字

版　　次：2013年11月第1版　　印　　次：2013年11月第1次印刷

书　　号：ISBN 978-7-5407-6736-5

定　　价：36.00元

漓江出版社·漓江阅美文化传播

联系方式：编辑部 │ 85891016-805/807/809

市场部 │ 杜　渝 [产品] 85891016-811　胡婷婷 [网络营销] 85891016-801

地　址：北京市朝阳区建国路88号SOHO现代城2号楼1801室

邮　编：100022　　　　传　真：010-85892186

邮　箱：ljyuemei@126.com　　　网　址：http://www.yuemeilady.com

官方微博：http://weibo.com/lijiang　　官方博客：http://blog.163.com/lijiangpub/

阅　读　阅　美　，　生　活　更　美